华晟经世**“一课双师”**校企融合系列教材

宽带接入技术与应用

张 勇 蒋丽丽 李花宝◎主编

人民邮电出版社
北京

图书在版编目（CIP）数据

宽带接入技术与应用 / 张勇，蒋丽丽，李花宝主编
. -- 北京 : 人民邮电出版社，2024.1
华晟经世“一课双师”校企融合系列教材
ISBN 978-7-115-62861-9

Ⅰ. ①宽… Ⅱ. ①张… ②蒋… ③李… Ⅲ. ①宽带接入网－高等学校－教材 Ⅳ. ①TN915.6

中国国家版本馆CIP数据核字(2023)第191351号

内容提要

本书围绕宽带接入技术与应用的相关知识编排内容，分为基础篇、实战篇和拓展篇 3 个部分，共 9 个章节，系统地介绍了宽带接入技术的发展、EPON 技术、GPON 技术、新一代 PON 技术的相关理论知识，结合典型实训设备详细讲述了设备操作及业务开通配置等内容，并就未来 PON 技术的发展进行了展望。

本书既可以作为高等院校通信类专业的教材，也可以作为从事信息通信领域工作的相关技术人员的培训用书。

◆ 主　　编　张　勇　蒋丽丽　李花宝
责任编辑　赵　娟
责任印制　马振武
◆ 人民邮电出版社出版发行　　北京市丰台区成寿寺路 11 号
邮编　100164　　电子邮件　315@ptpress.com.cn
网址　https://www.ptpress.com.cn
固安县铭成印刷有限公司印刷
◆ 开本：787×1092　1/16
印张：11.75　　　　2024 年 1 月第 1 版
字数：272 千字　　　2024 年 1 月河北第 1 次印刷

定价：69.80 元

读者服务热线：(010)81055493　印装质量热线：(010)81055316
反盗版热线：(010)81055315
广告经营许可证：京东市监广登字 20170147 号

PREFACE 前言

教材是落实立德树人根本任务的重要载体。党的二十大报告提出“加强教材建设和管理”，建设高质量教材体系，是建设高质量教育体系的重要基础和保障，是“办好人民满意的教育”“加快建设高质量教育体系”的重要支撑。只有紧密对接国家发展重大战略要求，不断与时俱进，才能更好地服务于国家创新型、复合型、应用型人才的培养。

本书是华晟经世教育面向21世纪以来新时代应用型人才培养及专业工程技术人员学习需要所开发的系列教材之一。本书深入贯彻党的二十大报告对教材的要求，以国家新课改、思政教育精神为引领，结合华晟经世教育服务型专业建设理念，开展工程师自主教学、项目案例式教学、任务驱动式教学的总体设计，突出“理实一体、注重应用”的特点，具体表现在“准、新、特、实、认、活”6个方面。其中，“准”即理念、依据、技术细节准确；“新”即体现国家对新时代教材的新要求，站位高，理念新，呈现最新技术研究成果和发展演进方向；“特”即具有鲜明的行业企业特色，贴近工程实践，体现出校企合作在培养面向行业、企业应用型人才方面的特色和优势；“实”即实用，切实可用，既要注重理论知识学习，又要注重实践教学；“认”即编写一本教师、学生、业界都认可的教材；“活”即随着知识、技术的更新迭代，教材的编制也不断推陈出新，体现出持久的活力。

本书的特色如下。

“一课双师”，校企联合开发。本书由华晟经世驻校工程师、产业学院企业工程师、高校教师协同开发，融合了企业工程师丰富的行业一线工程经验、高校教师丰富的教学经验，并紧跟行业技术发展前沿、精准对接企业岗位需求、注重理论与实践深度融合，符合现代教育发展理念。

以“学习者”为中心设计。本书以学习行为为主线，构建了“学”与“导学”的内容逻辑。“学”是主体内容；“导学”是引导学生自主学习、独立实践的部分，包括项目引入、延展阅读等。本书以完成工程任务为主线，注重“做中学、学中做”，在实训中加深对知识的理解，培养技能，以解决真实的工程问题。

以“项目化、任务驱动”形式编写。本书“项目化”的特点突出，以真实设备和应用场景为例，以“任务驱动”形式推进学习过程，理论联系实际，讲解深入浅出，嵌入岗位、行业认知，传递一种解决问题的思路。

本书由张勇、蒋丽丽、李花宝主编，季旭、田恒义、张程鹏、王旭鹏、李玉峰、蒋峰修订。本书从总体内容设计到每个细节，都经团队精诚协作、细心打磨，力求呈现专业的知识内容。在本书的编写过程中，编者得到了华晟经世教育领导、山东英才学院领导的关心和支持，更得到了广大教育同人的帮助及家人的支持，在此向他们表示诚挚的谢意。由于编者水平和学识有限，书中难免存在不妥或疏漏之处，敬请广大读者批评指正。

编者
2023 年 11 月

CONTENTS 目录

基础篇

第1章 初识宽带接入技术

第2章 解密 EPON 技术

第 3 章 解密 GPON 技术

第 4 章 新一代 PON 技术

实战篇

第 5 章 解密 PON 设备

第 6 章 EPON 的配置与业务开通

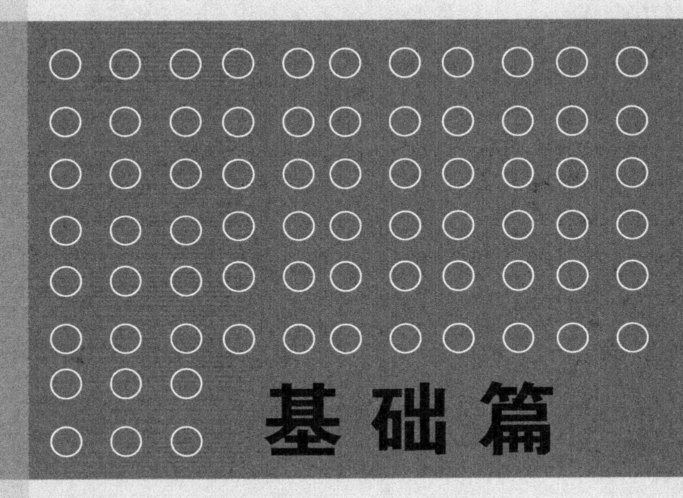

基础篇

第1章 初识宽带接入技术

【项目引入】

随着通信技术的飞速发展，电信业务向着综合化、数字化、智能化、宽带化和个人化方向发展，人们对电信业务多样化的需求也不断提高。现在，每个人都能通过自己的终端（计算机、手机）轻松接入互联网，使用高质量的网络服务。然而，你知道影响用户接入的关键环节是什么吗？你知道接入网“最后一公里”的瓶颈问题吗？

为解决接入网“最后一公里”的瓶颈问题，接入网经历了诸多技术演进，才步入无源光网络（PON）时代。下面我们将走进宽带接入网的世界，一探究竟。

通信网络分类复杂，按照不同的分类标准有不同的分法。而接入网在不同的专业网中均有所涉及。接入网负责用户业务的接入，是距离用户最近的部分。在深入学习当今社会广泛使用的宽带光接入网络之前，先从基本的接入网概念入手，逐层剖析。

【学习目标】

- 了解通信网的界定。
- 理解接入网的分类、宽带接入技术的分类。
- 掌握PON的定义和组成、PON系统原理模型、PON的健壮性机制。

1.1 接入网概述

1.1.1 通信网的界定

广义的通信网包括电信网、广电网和计算机网，狭义的通信网仅指电信网。本书提到的通信网是指狭义的电信网，即电信运营商建设和运营的通信网络。

通信是指信息从一个地方到另一个地方传递和交换的过程。通信网是由一定数量的节点和链接节点的传输链路组成的，以实现两个或多个规定节点之间信息传输的通信体系。通信网主要由用户终端、交换设备和传输设备构成。

通信网按使用范围可分为本地网、长途网和国际网；按网络功能性质可分为业务网、支撑网和传送网。本书重点介绍的有线宽带接入网属于传送网。

1.1.2　接入网的定义

接入网（AN）位于电信网的末端，覆盖半径较小，一般在 10km 以内，被称为信息高速公路的“最后一公里”。国际电信联盟（ITU）在 1995 年 7 月通过的 G.902 建议中将接入网定义为：接入网是由业务节点接口（SNI）和用户－网络接口（UNI）之间的一系列传送实体（例如线路设施和传输设施）组成的，为传送电信业务提供所需承载能力的实施系统，可由管理接口（Q_3）进行配置和管理。

由此可见，接入网覆盖的范围由 3 个接口来界定，如图 1-1 所示。

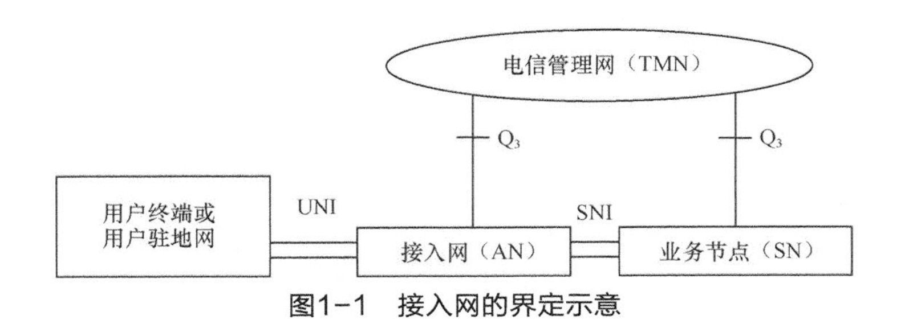

图1-1　接入网的界定示意

接入网通过 UNI 连接用户终端，通过 SNI 与业务节点（SN）相连，通过 Q_3 接口连接到电信管理网（TMN）。其中，SN 是提供业务的实体，是一种可以接入各种交换型和永久连接型电信业务的网元，例如本地交换机、租用线业务节点或特定配置情况下的视频点播和广播电视业务节点等。接入网允许与多个 SN 相连，既可接入分别支持特定业务的单个 SN，也可接入支持相同业务的多个 SN。

1.1.3　接入网的分类

接入网的分类依据有多种，例如，传输介质、使用技术、接口标准、业务带宽、业务种类等。本书仅讨论按传输介质和业务带宽的分类方式。

根据传输介质不同，接入网可以分为有线接入网和无线接入网两大类。

按业务带宽划分，接入网可以分为宽带接入网和窄带接入网。宽带与窄带的划分标准是 UNI 上的速率，即将 UNI 上的最大接入速率超过 2Mbit/s 的用户接入称为宽带接入，对最低接入速率则没有限制。窄带接入系统基于支持传统的 64kbit/s 电路交换业务，对以 IP 为主的高速数据业务支持能力差。宽带接入系统以分组传送方式为基础，具有统计复用功能。宽带接入网适合用来解决高速数据业务接入。

1.2　宽带接入技术

1.2.1　宽带接入技术的分类

宽带接入技术可分为有线宽带接入技术和无线宽带接入技术两大类，具体如图 1-2 所示。

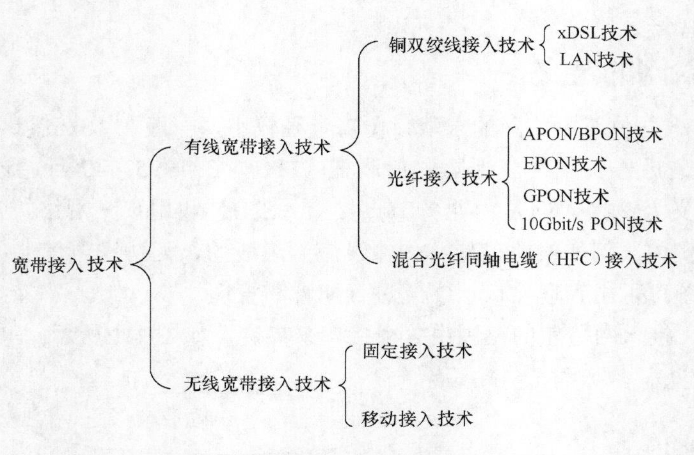

图1-2　宽带接入技术的分类

1.2.2　无线宽带接入技术

无线宽带接入技术是通过无线电波代替物理线缆来实现用户终端接入业务节点的技术，支持固定终端和移动终端的业务接入。

从用户终端角度来看，无线宽带接入网可分为固定无线接入网和移动无线接入网，用户终端固定（如办公室、会议室、家）的接入叫作固定接入，用户终端移动时的接入叫作移动接入，移动接入技术有移动蜂窝通信技术、Wi-Fi 技术、WiMAX 技术等。

无线宽带接入具有建设周期短、经济性好、抗灾变能力强等特点，是实现用户移动终端业务接入的主要形式。

1.2.3　有线宽带接入技术

1. 铜双绞线接入技术

数字用户线（DSL）技术是 20 世纪 80 年代后期的产物，是采用不同调制方式实现将信息在现有的公用电话交换网（PSTN）高速传输的技术。学术上将这一系列有关铜双绞线传送数据的技术统称为 xDSL 技术。它曾为宽带接入技术的发展演进起到推动作用和过渡作用，但却无法成为解决“最后一公里”的最佳选择，如今已退出市场应用，在此不做过多解读。

以太网因其高度灵活、相对简单、易于实现的特点，成为一种重要的局域网（LAN）接入技术。随着时间的推移，以太网规范得以不断改进和完善，不同厂商的设备互通性更好，为技术的推广和应用起到了积极作用。

延展阅读

xDSL 技术的演进史

现阶段来看，xDSL 虽然是一种过时的传输技术，但在当时发挥了巨大的作用。

该技术是在已有的铜质电话线路上采用较高的频率和相应的调制技术，即利用在模拟线路中加入或获取更多的数字信号处理技术来获得高传输速率。xDSL技术最大的区别体现在信号传输速率和距离的不同，以及上行信道和下行信道的对称性不同两个方面，总体包括非对称型和对称型两大类，非对称型如非对称数字用户线（ADSL）、甚高比特率数字用户线（VDSL），对称型如对称数字用户线（SDSL）、IDSL[1]和高比特率数字用户线（HDSL）。

（1）非对称型

1996年，ITU正式发布了ADSL的标准G.992.1和G.992.2。G.992.1又称G.dmt，它规定了全速率的ADSL技术规范，支持8Mbit/s的下行传输速率和1.5Mbit/s的上行传输速率。G.992.2又称G.Lite，它规定了不使用信号分离器的ADSL技术规范，降低了设备的复杂性和成本，但同时降低了信号速率，其下行传输速率为1.5Mbit/s，上行传输速率为512kbit/s。

2002年，ITU-T公布了ADSL的两个新标准（G.992.3和G.992.4），即ADSL2。ADSL2下行最高速率可达12Mbit/s，上行最高速率可达1Mbit/s，ADSL2传送器在线路的两端提供了测量线路噪声、环路衰减和信噪比（SNR）的手段，ADSL2提供了实时的性能监测，能够检测线路两端质量和噪声状况的信息。

2003年，ITU-T制定了G.992.5，即ADSL2plus，又称ADSL2＋，扩展了ADSL2的下行频段，从而提高了短距离内线路上的下行速率。ADSL2的两个标准中各指定了1.1MHz和552kHz下行频段，而ADSL2＋指定了一个2.2MHz的下行频段。这提高了ADSL2＋在短距离（1.5km内）的下行速率（可以达到20Mbit/s以上）。而ADSL2＋的上行速率大约是1Mbit/s，可以有效地减少串话干扰。

VDSL是传输带宽最高的一种xDSL接入技术，被视为向住宅用户传送高端宽带业务的最终铜缆技术。

VDSL技术的特点如下。

① 传输速率高，提供上下行对称和不对称两种传输模式。在不对称模式下，VDSL最高下行速率能够达到52Mbit/s（在300m内），在对称模式下最高速率可以达到26Mbit/s。VDSL弥补了ADSL在上行方向提供的带宽不足的缺陷。

② 传输距离受限。带宽和传输距离呈反比关系是DSL技术的普遍规律，VDSL是利用高至12MHz的信道频带来换取高传输速率的。由于高频信号在市话线上大幅衰减，因此VDSL传输距离受限，而且随着距离的增加，其速率也将大幅降低。VDSL线路收发器一般能支持最远不超过1.5km的信号传输。

（2）对称型

HDSL是ADSL的对称式产品，其上行和下行数据带宽相同。HDSL采用多对双绞线进行并行传输，即将1.544Mbit/s、2.048Mbit/s的数据流分开在两对或三对

1. IDSL是基于综合业务数字网（ISDN）的用户数字线路，传输距离可达5km。

双绞线上传输，降低每线对上的传输速率，增加传输距离。在每对双绞线上通过回声抵消技术实现全双工传输，传输距离可达 3.5km，可以提供标准 E1/T1 接口和 V.35 接口。

SDSL 是 HDSL 的单线版本，也被称为单线数据用户线，上下行最高传输速率相同，可提供 1.5Mbit/s 的速度，传送距离为 2 ～ 3km。

xDSL 技术对比见表 1-1。

表1-1　xDSL技术对比

类型	xDSL	调制技术	下行速率	上行速率	最大传输距离
非对称型	ADSL	离散多载波（DMT）	8Mbit/s	1.5Mbit/s	5.5km
	VDSL	DMT、正交振幅调制（QAM）	26Mbit/s（对称）52Mbit/s（非对称）	26Mbit/s（对称）2.3Mbit/s（非对称）	1.5km
对称型	IDSL	2B1Q[1]	64kbit/s、128kbit/s	64kbit/s、128kbit/s	5km
	HDSL	2B1Q	1.544Mbit/s、2.048Mbit/s	1.544Mbit/s、2.048Mbit/s	3.5km
	SDSL	TC-PAM[2]	1.5Mbit/s	1.5Mbit/s	3km

2000 年以来，随着光器件技术的发展进步，尤其是 PON 技术的发展，光接入网的建设成本逐渐下降，相较于速率和成本，铜双绞线接入技术不再有任何优势可言。光纤接入技术也真正迈入普及商用阶段，并成为当前主流的有线宽带接入技术，将人类带入了绚丽多彩的互联网时代！

2. 光纤接入技术

光纤接入技术主要是指各种 PON 技术，本书主要介绍的就是这种接入技术。

3. HFC 接入技术

HFC 接入技术在有线电视网络的基础上进行改造，从而发展成为一种高速网络接入技术。HFC 接入技术通过对现有有线电视网络进行双向改造，使有线电视网络除了可以提供丰富、信号良好的电视节目，还可以提供电话、互联网接入、高速数据传输和多媒体等业务。有线电视网络的主干采用光纤取代传统的电缆，将头端机房设备到用户附近的光纤节点用光纤进行连接，从光纤节点到用户端采用同轴电缆进行连接。但

1. 2B1Q 是一种四级脉冲幅度调制技术。
2. TC-PAM 是指网格编码脉幅调制。

由于该技术主要用于广播电视网的用户接入端，不属于本书通信网的研讨范围，在此不再赘述。

延展阅读

拨开 HFC 的面纱

HFC 接入网是以模拟频分复用技术为基础，综合应用模拟和数字传输技术、光纤和同轴电缆技术、射频技术及高度分布智能技术的宽带接入网络。HFC 接入网系统结构如图 1-3 所示。

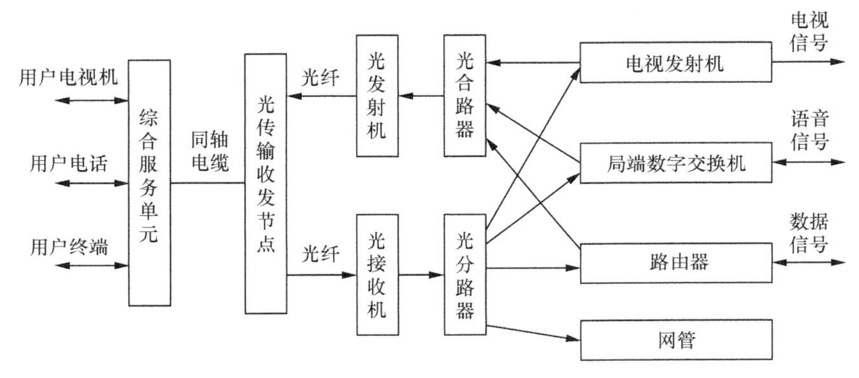

图1-3　HFC接入网系统结构

在 HFC 接入网系统中，用户通过综合服务单元上连互联网的数据请求、电话语音请求和用户电视（包括模拟信号和数字信号），这种综合信号通过同轴电缆连接光传输收发节点。这里的综合服务单元是指电缆调制解调器，光传输收发节点为有线电视台中继汇聚端。光传输收发节点把各个用户上行或下行的信号通过光纤传送到光发射机或光接收机。光接收机接收到用户的综合信号后，通过光分路器分离出用户的数据信号、语音信号，以及交互电视与数字视频数据信号。有线电视用户 IP 数据包括用户数据信号、交互电视与数字视频数据信号，通过路由器与数据网络相连；语音信号通过局端数字交换机与 PSTN 相连。

有线电视台的电视信号、公用电话网的语音信号和数据网络的数据信号送入光合路器形成混合信号后，经光发射机通过光纤送至光传输收发节点，再经过同轴电缆送至用户本地的综合服务单元，即分别将电视信号送至电视机，语音信号送至电话，数据信号送至用户终端。

HFC 的关键技术问题有上行通道的噪声抑制、帧结构和扩容技术等。

1.3 走进 PON 技术

20 世纪 80 年代，计算机和多媒体技术崛起，越来越多的人拥有计算机，且逐渐接触网络（局域网或互联网）。于是，数据通信业务兴起，上网需求出现。

早期运营商提供的上网服务，基本是通过电话线、双绞线（网线）、同轴电缆这样的铜质线缆，以及 xDSL 和综合业务数字网（ISDN）专线等技术实现的。

20 世纪 60 年代末，光纤通信技术进入高速发展阶段，光纤制造工艺不断成熟，产业链也日益成型。到了 20 世纪 80 年代末，为了将光纤应用于宽带接入业务，厂商陆续推出了自己的窄带 PON 技术。但当时，这种技术不仅速率低（不超过 2Mbit/s），而且没有形成统一的规范和标准。

1995 年，南方贝尔、英国电信、法国电信等 7 家网络运营商成立了全业务接入网（FSAN）联盟，希望能提出一种统一的光接入网设备标准。1997 年，根据 FSAN 联盟的建议，ITU-T 推出了 ATM 无源光网络（APON）技术体系，也就是 G.983.1 标准。

2001 年，FSAN 联盟和 ITU-T 对 APON 的规范进行了修订，并修改了名称，将 APON 的名称改为宽带无源光网络（BPON）。之所以改名，主要是因为他们不希望 APON 被人误解为只能提供 ATM 业务。

为了进一步提升 PON 的速率，2002 年，FSAN 联盟启动了一项新工作，对 1Gbit/s 以上的 PON 进行标准化。

2003 年，在 FSAN 联盟建议的基础上，ITU-T 颁布 G.984 标准，也就是千兆无源光网络（GPON）。

除了 FSAN 联盟和 ITU-T，电气电子工程师学会（IEEE）也开始研究 PON 技术。

IEEE 是以太网（Ethernet）标准的制定者之一。IEEE 在 1998 年发布了吉比特（Gigabit）以太网标准之后，就致力于出台一个基于以太网的 PON 标准。

2000 年，IEEE 成立了 EFM 工作组，正式启动相关标准化工作。EFM 工作组的全名很有趣，叫作“第一英里以太网工作组”，归属于制定以太网标准的 IEEE802.3 组。这里的“第一英里”是指网络和用户之间的距离（1 英里等于 1609.344 米），致力于解决用户接入的“瓶颈”问题。

2004 年，EFM 工作组正式推出了 IEEE802.3ah 标准，也就是以太网无源光网络（EPON）。

随着时间的推移，ATM 在与 IP 的竞争中逐渐失势。APON/BPON 也因为成本、效率等被运营商抛弃，退出了历史舞台。

经受住历史考验后焕发出勃勃生机的，是当今行业主流的 EPON 技术和 GPON 技术。

1.3.1 PON 的定义和组成

PON 技术是一点到多点的光纤接入技术。“无源”是指在光分配网络（ODN）中不含有任何有源电子器件及电子电源，全部由光分路器等无源器件和光缆材料组成。目前主流的两种技术是 EPON 技术和 GPON 技术，其中，“E”是指以太网，“G”是指吉比特级。

PON系统由局端侧的光线路终端（OLT）、用户侧的光网络单元（ONU）和ODN组成，为单纤双向系统。在下行方向（OLT到ONU），OLT发送的信号利用广播通过ODN到达各个ONU。在上行方向（ONU到OLT），ONU发送的信号采用时分多址（TDMA）方式到达OLT，而不会到达其他ONU。ODN是在OLT和ONU之间的无源光通道。PON系统的组成结构如图1-4所示。

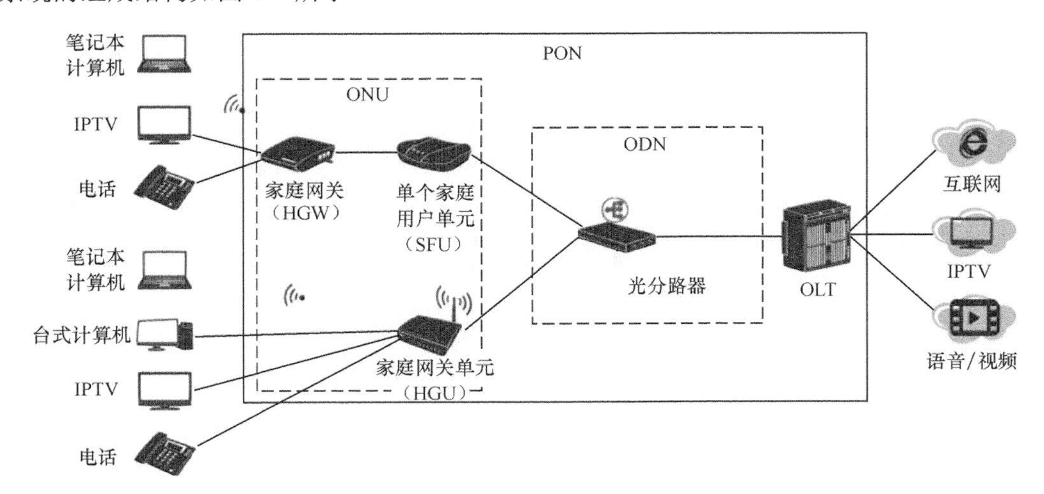

图1-4 PON系统的组成结构

PON是一种纯介质网络，能够避免外部设备的电磁干扰和雷电影响，降低线路和外部设备的故障率，提高系统的可靠性，同时节省维护成本。与有源系统相比，PON具有节省光缆资源和机房投资、共享带宽资源、设备安全性高、建网速度快和综合建网成本低等优点，成为我国推进“光进铜退”、全面实现“宽带中国”战略的最佳选择和主流技术。

1.3.2 PON系统原理模型

1. 系统原理模型

OLT位于中心机房，向上提供广域网接口，如10 GE等。ONU位于用户侧，为用户提供10/100BASET、T1/E1、Wi-Fi等应用接口和功能，适配功能（AF）在具体实现中可集成在ONU中。ODN由光纤、光分路器、光连接器等无源器件组成，为OLT和ONU之间的物理连接提供光传输介质；上下行数据工作波长不同，下行数据采用广播方式发送，上行数据采用基于统计复用的时分多址方式接入。PON接入系统参考模型如图1-5所示。图1-5中，光波分复用器（WDM）和网络节点（NE）为可选项，用于在OLT和ONU之间采用另外的工作波长传输其他业务，例如交互式网络电视（IPTV）的视频信号。AF是不是Q接口的操作对象取决于业务。

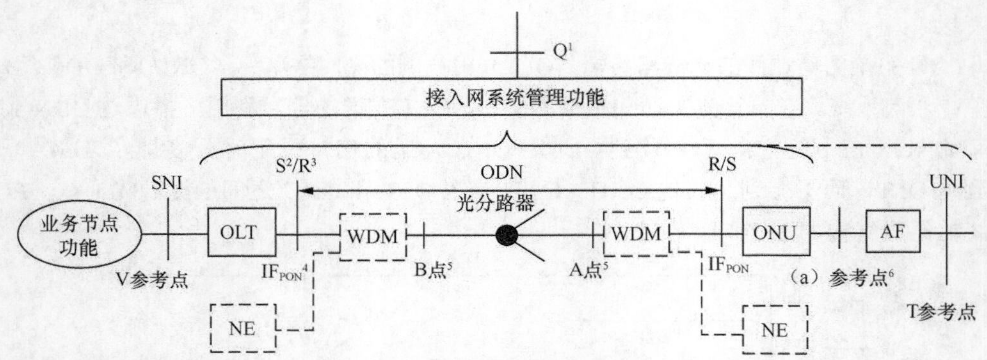

注：1. 接入网通过 Q 接口与 TMN 相连，通过该接口对接入网进行配置和管理。
2. OLT（下行）/ONU（上行）光连接点（即光连接器或熔接点）之后的光纤点。
3. ONU（下行）/OLT（上行）光连接点（即光连接器或熔接点）之前的光纤点。
4. 参考点 R/S 和 S/R 处的接口，是 PON 特有的接口，可支持 OLT 和 ONU 之间传输所需的所有协议单元。
5. 如果不使用 WDM，则不需要这两个参考点。
6. 如果 AF 包含在 ONU 中，则不需要这个参考点。

图1-5　PON接入系统参考模型

按照 ONU 在接入网中所处的不同位置，PON 系统可以有以下 3 种网络应用类型。光纤到大楼（FTTB）、光纤到户（FTTH）、光纤到办公室（FTTO）。一般来说，光网络终端（ONT）是用于 FTTH 并具有用户接口功能的 ONU，在后面的章节中对二者不再进行区分，统一用 ONU 来表示。

2. 系统功能模块

（1）OLT

OLT 位于局端，是整个 PON 系统的核心功能器件，向上提供广域网接口（包括千兆 / 万兆以太网接口、ATM 接口和 DS-3 接口等），向下提供 1.244Gbit/s 或 2.488Gbit/s 的光接口。OLT 的功能主要包括核心功能、服务功能和通用功能，能够集中带宽分配、控制各 ODN、实时监控、运行维护管理光网络系统等。OLT 的功能结构示意如图 1-6 所示。

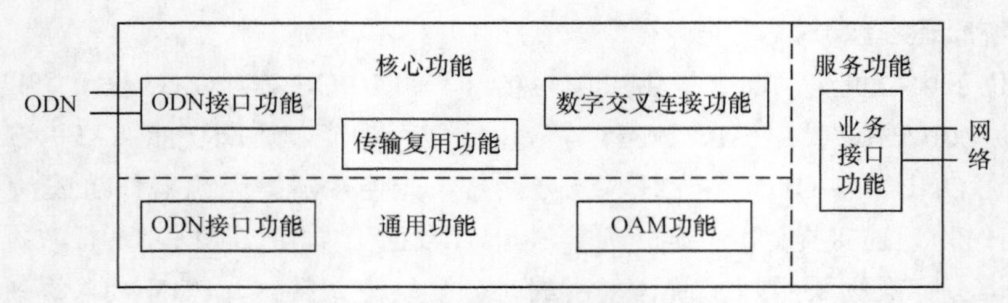

图1-6　OLT的功能结构示意

OLT 的核心功能包括数字交叉连接功能、传输复用功能和 ODN 接口功能。数字交叉连接功能为 OLT 网络侧与 OLT 的 ODN 侧之间提供交叉连接。传输复用功能为 ODN 的发送和接收通道提供相应的服务，即对需要送至各 ONU 的分组信息进行复用以便在光通道上传输，而各 ONU 传送来的复用信息则在此进行分解，从而使 OLT 识别出各 ONU 的上行信号。ODN 接口功能完成与之相关 ODN 的光纤连接，其中也包括与 ODN 保护光纤的连接，这样当与 ODN 相连的光纤出现故障时，可通过启动光接入网的自动保护功能，利用 ODN 保护光纤与其他 ODN 相连，保证网络正常。

服务功能主要负责各种不同业务的插入与提取。通用功能包括供电功能和运行、管理与维护（OAM）功能。

（2）ONU

ONU 放在接入网用户侧，为用户提供 10/100BaseT、T1/E1 和 DS-3 等应用接口，并为用户提供以语音、视频为代表的全业务接入。ONU 对 EPON 的光接口速率有 155Mbit/s、622Mbit/s、1.244Gbit/s 多种选择，GPON 还支持 2.488Gbit/s 接入。下行方向采用广播方式分发数据到各 ONU，上行方向采用基于统计复用的时分多址接入技术。

ONU 的功能结构示意如图 1-7 所示。

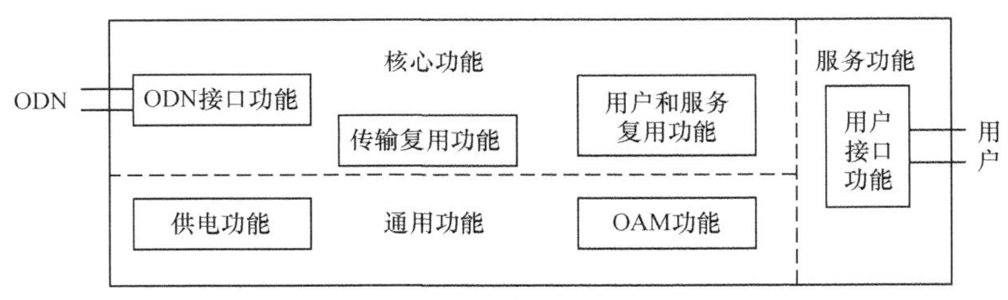

图1-7　ONU的功能结构示意

核心功能主要由用户和服务复用功能、传输复用功能和 ODN 接口功能组成。用户和服务复用功能负责对不同用户的信息进行组装和分解，它可以与不同的业务接口功能相连。传输复用功能负责从所接收的来自 ODN 的信号中提取属于本 ONU 的信号，并按一定的传输技术原理合理地向 ODN 发送信息。

服务功能主要提供用户接口功能。在上行信号中负责将用户信号配成 64kbit/s 或 $n\times$64kbit/s 的形式。该功能块可以连接一个或多个用户。

通用功能包括供电功能和 OAM 功能。供电方式可以采用本地供电或远端供电，并且多个 ONU 可共享一个电源。在 ONU 携带用户较多时，应考虑为 ONU 提供备用电源。

（3）ODN

ODN 位于 OLT 和 ONU 之间，是由无源器件组成的光链路，ODN 的功能结构示意如图 1-8 所示。组成 ODN 的无源器件有单模光纤、带状光纤、光连接器、光分路器、波分复用器、光衰减器、光滤波器和熔接头等。ODN 的功能是分发下行数据和集中上行数据。PON 中上下行数据在不同的波长上传输，下行数据采用广播方式发送，上行数据采用基于统计复用的时分多址方式传输。

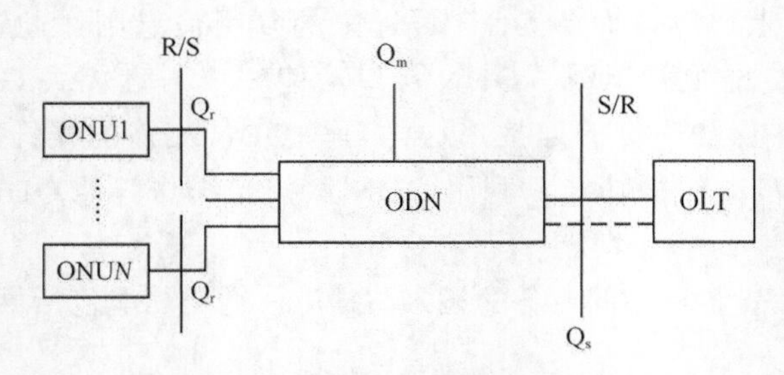

图1-8　ODN的功能结构示意

图 1-8 中的 S、R 为参考点，S 点是 OLT 或 ONU 侧发射光源的活动连接器上的点，R 是紧靠 OLT 或 ONU 光电转换器的活动连接器上的点。Q_r 表示 ONU 与 ODN 之间的光接口，Q_s 表示 OLT 与 ODN 之间的光接口。Q_m 表示 ODN 与测试和监视设备间的光接口。ODN 的主要光特性有光波长透明性、互换性、光纤兼容性。对 ODN 的基本要求是应能提供可靠的光缆设备、易于维护、具有纵向兼容性、具有可靠的网络结构、具有很大的传输容量，以及有效性。

1.3.3　PON 的健壮性机制

1. 设备侧保护机制

对 EPON/GPON 系统的设备侧进行可靠性规划，主要是指 OLT 主控板、PON 业务板卡、PON 业务接口的保护机制与策略。

（1）OLT 双主控冗余保护策略

目前，OLT 均采用双主控配置方式，确保在主用单板出现故障的情况下，备用单板能接管系统，保证业务不中断。

（2）PON 板保护策略

由于 EPON/GPON 系统采用点到多点的树形组网结构，每块 PON 板携带大量用户的业务，为保证业务的可靠性，需要配置备用 PON 板。通常，每端 OLT 会预留一块 PON 板备用。

（3）PON 接口保护策略

与 PON 业务板卡类似，每个 PON 接口携带几十、上百个用户的业务，PON 接口光模块一旦出现故障，影响较大。因此，需要做好 PON 接口保护。通常，一块 PON 板上有 4 个或 8 个 PON 接口，应预留一个 PON 接口作为备用，其余接口作为业务接口使用。

2. 线路侧保护机制

线路侧的保护应综合考虑 EPON/GPON 中光缆的路由保护，分别是 OLT 上行链路的保护、主干光缆的保护和配线光缆的保护。此处主要介绍 OLT 上行链路的保护方案和主干光缆的保护方案。

（1）OLT 上行链路的保护方案

OLT 上行链路采取链路聚合方式，可以根据流量情况通过链路汇聚控制协议（LACP）检测和维护链路聚合接口的状态信息，提高链路聚合的安全性。还可以通过 OLT 上行双归属的方式实现链路的保护。

（2）主干光缆的保护方案

EPON/GPON 标准中定义了 Type A、Type B、Type C、Type D 这 4 种保护机制，其中最为常用的是 Type B 保护方案和 Type C 保护方案。

① EPON/GPON Type B 保护方案。

EPON/GPON Type B 保护方案原理示意如图 1-9 所示。OLT 提供的 Type B 保护机制能够确保主干光纤和 PON 接口安全可靠。OLT 到光分路器之间存在备份路由，当主用接口出现断纤、误码率过高、硬件故障或者接口复位等故障时，系统将自动倒换到备用接口，保护倒换时间 50ms，可保证业务不中断。相应的保护范围包括 OLT 的主用 PON 接口和备用 PON 接口、主用光纤和备用光纤。

图 1-9 中，OLT 采用单个 PON 接口，PON 接口处内置 1×2 开关，由 OLT 检测线路状态；ONU 无特殊要求。

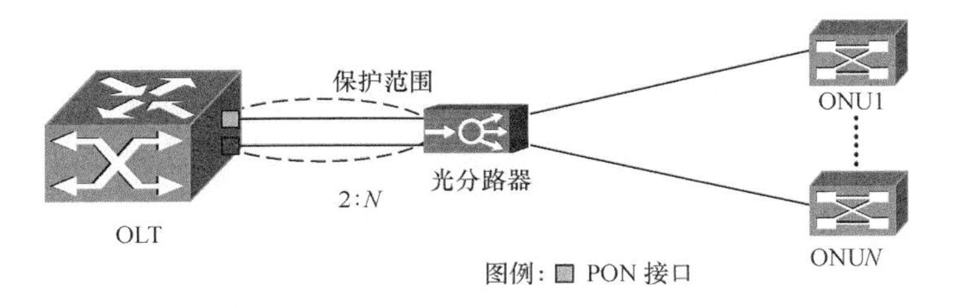

图1-9　EPON/GPON Type B保护方案原理示意

EPON/GPON Type B 保护方案的应用场景如图 1-10 所示。Standby PON 接口在进入 Standby 状态后，启动上行光信号检测功能。Active PON 接口检测到 LOS 告警（主用光纤断裂引起的 LOS 告警），立即关闭主用 EPON/GPON 接口光模块的发送功能。

Standby PON 接口检测到主用 PON 接口 LOS 告警，打开 EPON/GPON 接口光模块发送功能并进行 ONU 测试操作。如果 Standby PON 接口光纤正常，并发现 ONU，则上报接口 LOS 恢复告警，Active PON 接口切换为 Standby 状态，并启动上行光检测功能；Standby PON 接口被设置为 Active 状态。

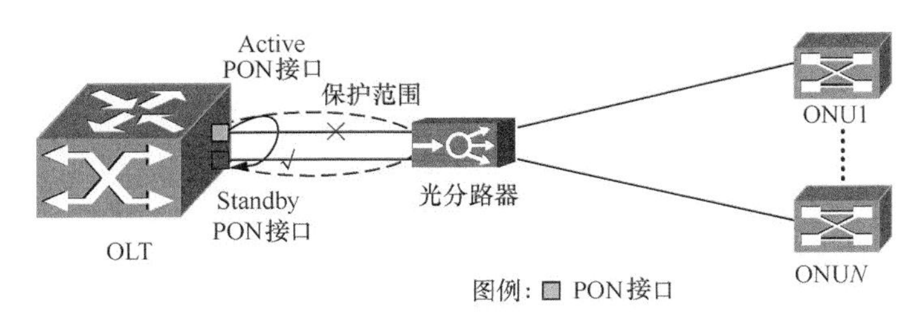

图1-10　EPON/GPON Type B保护方案的应用场景

② EPON/GPON Type C 保护方案。

EPON/GPON Type C 保护方案原理示意如图 1-11 所示。EPON/GPON Type C 保护机制对 OLT 双 PON 接口、ONU 双 PON 接口、主干光纤、光分路器和配线光纤均采用双路冗余保护。单归属时，ONU 上连到同一端 OLT 的 PON 接口。双归属时，ONU 上连到不同 OLT 的 PON 接口，同时实现跨 OLT 的 PON 接口保护。

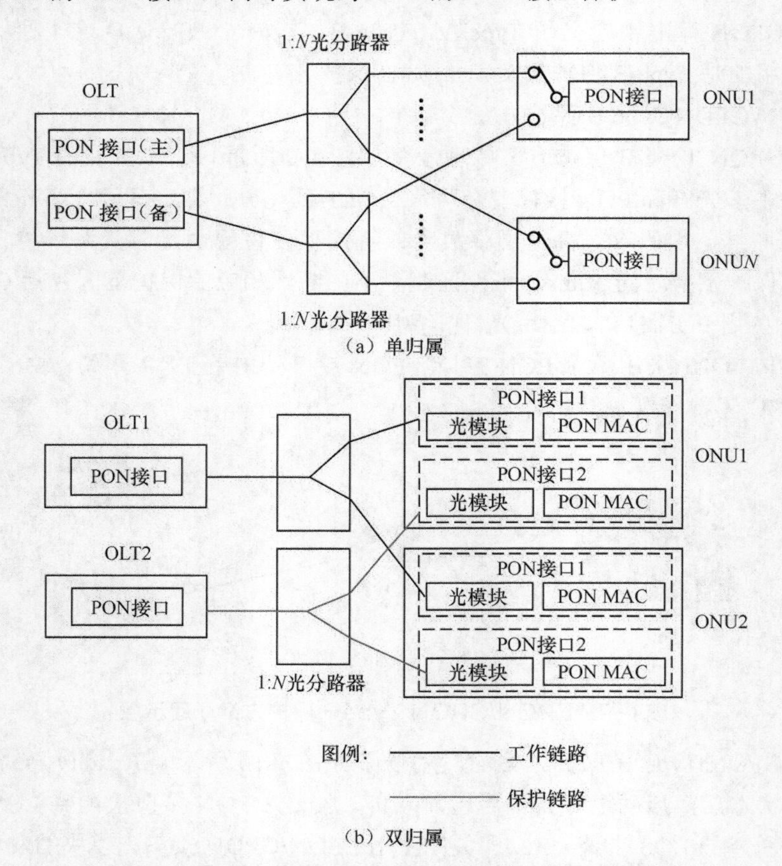

图1-11　EPON/GPON Type C保护方案原理示意

第2章 解密 EPON 技术

【项目引入】

EPON 技术是基于以太网的 PON 技术，它综合了 PON 技术和以太网技术的特点，具有大带宽、低成本、扩展性强、与以太网兼容、覆盖范围广、用户接口丰富、方便管理等特点。

做好 EPON 的规划、设计、建设、维护等相关工作，要从掌握 EPON 技术开始。本节从 EPON 系统的组成入手，掌握 EPON 技术的基本原理和关键技术，为后期分析和解决工程技术问题奠定基础。

【学习目标】

- 了解 EPON 系统的组成、EPON 协议栈的结构。
- 识记 EPON 的协议标准、EPON 帧结构。
- 理解 EPON 的同步技术、DBA 技术、测距技术、EPON ONU 发现与注册流程。
- 掌握 EPON 上下行工作原理。
- 应用 EPON 数据帧结构及其字段功能分析。

2.1 EPON 技术原理

2.1.1 基本原理

EPON 在现有 IEEE802.3 协议的基础上，通过较小的修改实现了在用户接入网中传输以太网帧，是一种采用点到多点网络结构、无源光纤传输方式，基于高速以太网平台和时分复用（TDM）介质访问控制（MAC）方式，提供多种综合业务的宽带接入技术。

EPON 相较于现有类似技术的优势主要体现在以下 3 个方面。

① 与现有以太网的兼容性：以太网技术是迄今为止成熟的局域网技术之一。EPON 仅对现有 IEEE802.3 协议进行一定的补充，基本上与其兼容。考虑到以太网的市场优势，与以太网的兼容性是 EPON 最大的优势之一。

② 大带宽：EPON 的下行信道为千兆广播方式，而上行信道为用户共享的千兆信道，其带宽比很多接入方式（例如 Modem、ISDN、ADSL、APON）大得多。

③ 低成本：EPON 中减少了大量的光纤和光器件，维护成本低。此外，以太网本身的价格优势也使 EPON 具有更低的建设成本。

EPON 系统的组成结构与 PON 系统的组成结构（图 1-4）类似。

OLT 作为 EPON 的核心，主要实现以下功能。

① 向 ONU 以广播方式发送以太网数据。

② 发起、控制测距过程，并记录测距信息。

③ 发起并控制 ONU 功率。

④ 为 ONU 分配带宽，即控制 ONU 发送数据的起始时间和发送窗口大小。

⑤ 其他相关的以太网功能。

OLT 既是一个交换机或路由器，又是一个多业务提供平台，它提供面向无源光网络的光纤接口（PON 接口）。根据以太网向城域网和广域网的发展趋势，OLT 提供多个 1Gbit/s 和 10Gbit/s 的以太网接口，可以支持 WDM 的传输。OLT 还支持 ATM、FR[1] 及 OC[2] 的 SONET 连接。OLT 除了提供网络集中和接入功能，还可以针对用户的服务质量（QoS）和服务水平协议（SLA）的不同要求进行带宽分配、网络安全和管理配置。

ODN 由无源光分路器和光纤构成。ONU 为用户提供 EPON 接入的功能：选择接收 OLT 发送的广播数据；响应 OLT 发出的测距及功率控制命令，并做相应的调整；缓存用户的以太网数据，并在 OLT 分配的发送窗口中向上行方向发送；其他相关的以太网功能。

从 EPON 功能划分可以看出，EPON 中较为复杂的功能主要集中在 OLT 侧，ONU 侧的功能较为简单，这主要是为了降低用户端的设备成本。

EPON 使用波分复用技术，同时处理双向信号传输，上下行信号分别采用不同的波长，但在同一根光纤中传输。OLT 到 ONU 的方向为下行方向，反之为上行方向。下行方向的波长为 1490nm，上行方向的波长为 1310nm。PON 单纤双向传输原理示意如图 2-1 所示。

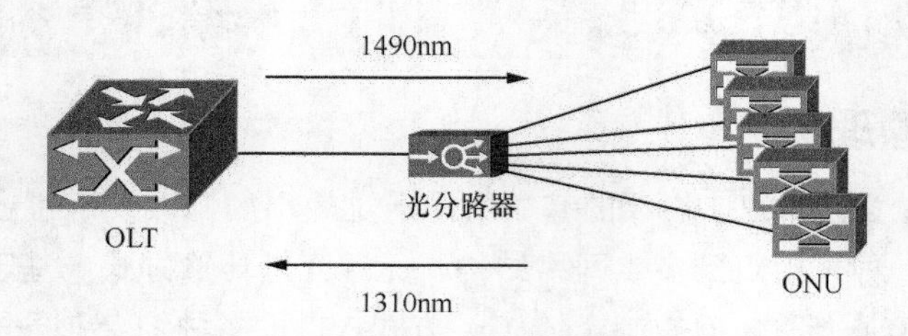

图2-1 PON单纤双向传输原理示意

在下行方向，数据、语音、视频等多种业务由位于中心局端的 OLT 采用广播方式，通过 ODN 中的 1 : N 光分路器分配到 EPON 上的所有 ONU；在上行方向，来自各个 ONU 的多种业务信息互不干扰地通过 ODN 中的 1 : N 光分路器，并耦合到同一根光纤，最终送到位于中心局端 OLT 的 PON 接口。

1. FR（Frame Relay，帧中继，是一种用于连接计算机系统的面向分组的通信方法）。
2. OC（Optical Carrier，光载波，SONET 光纤网络中的速率等级/ 信号带宽）。

2.1.2 EPON 协议标准

IEEE 制定 EPON 标准的基本原则是在 IEEE802.3 体系结构内进行 EPON 的标准化工作，最小限度地扩充标准以太网的 MAC 协议。EPON 分层结构参考模型如图 2-2 所示。

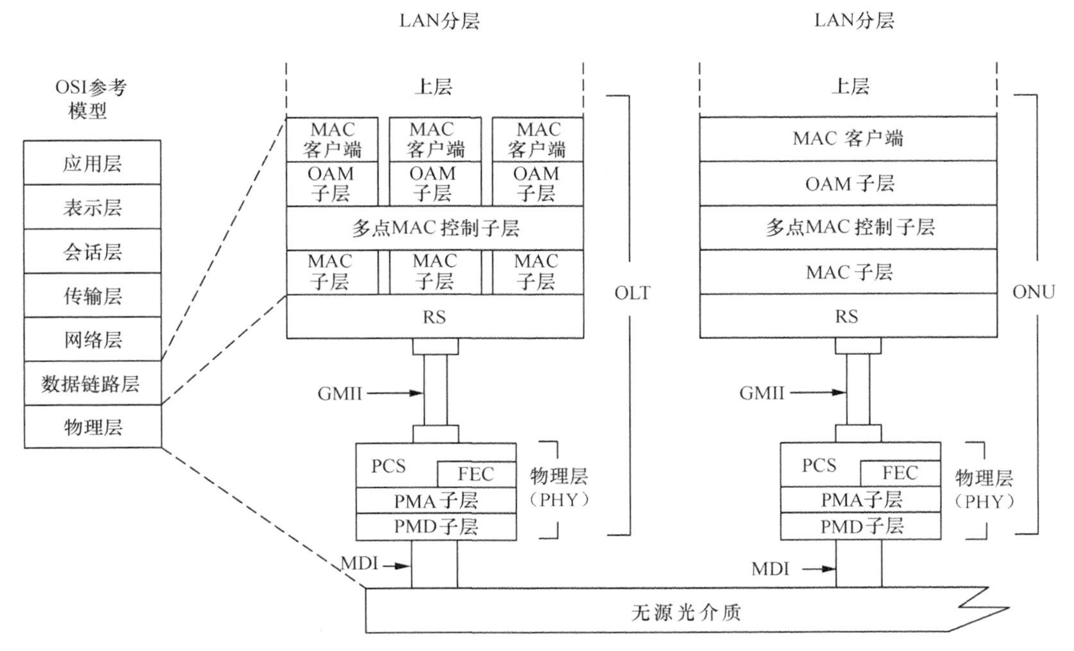

图2-2　EPON分层结构参考模型

1. EPON 协议栈

EPON 各层的基本功能如下。

① MAC 客户端。

- 提供终端协议栈的以太网 MAC 和上层之间的接口。

② OAM 子层。

- 定义了 EPON 各种告警事件和控制处理。
- 使用 OAM 协议数据单元，可对已激活 OAM 功能的链路进行告警、管理和诊断。

③ 多点 MAC 控制子层。

- 使用多点控制协议（MPCP），实现点对多点的 MAC 控制。
- 实现在不同的 ONU 中分配上行资源，在网络中发现和注册 ONU、允许动态带宽分配（DBA）调度。

④ MAC 子层。

- 实现物理层的数据转发功能。
- 将网络层通信发送的数据封装到以太网的帧结构中，并决定数据的发送和接收方式。

⑤ 调和子层（RS）。

- 实现数据链路层和物理层间通信的接口，调和多种数据链路层，使其能够使用统一的物理层接口。
- 将 MAC 子层的业务定义映射成千兆介质无关接口（GMII）的信号。
- 为 EPON 定义了扩展字节和前导码格式，在原以太网前导码的基础上引入了逻辑链路标识（LLID），区分 OLT 和各个 ONU 的逻辑连接，同时在 EPON 系统中完成添加 / 终结 LLID 功能，并增加了对前导码的 8 位循环冗余校验（CRC8）。

⑥ 物理编码子层（PCS）。

- 将 GMII 发送的数据进行编码 / 解码（8B/10B），使之能够在物理层上传输。
- 支持在点对多点物理介质中的突发模式，并支持前向纠错（FEC）算法，FEC 使用二进制算法，附加一定的纠错码用在接收端进行数据校验和纠错。

⑦ 物理介质适配（PMA）子层。

- 完成串并 / 并串转换、时钟恢复，并提供回环测试功能。
- 支持点到多点功能，实现物理介质关联（PMD）子层的扩展。
- 为 PCS 提供一种与介质无关的方法，支持使用串行比特的物理介质，把 10 位并行码转换为串行码流，发送部分到 PMD 子层；接收部分来自 PMD 子层的串行数据，将其转换为 10 位并行数据。
- 接收并生成线路上的信号。

⑧ PMD 子层。

- 位于最底层，主要完成光纤连接、电 / 光转换等功能，使用 1000BASE-PX 接口。
- 定义了 EPON 兼容器件的指标，实现 PMD 子层服务接口和介质相关接口（MDI）之间的数据收发功能。
- 作为电 / 光收发器，把输入的电压变化状态转变为光波或光脉冲，以便能在光纤中传输。

2. 多点 MAC 控制子层

OLT 和多个 ONU 通过 MPCP 对话，实现控制 MAC 帧的发送和接收、Gate Processing[1]、Discovery Processing[2]、Report Processing[3] 功能。

MPCP 有两种 GATE 操作模式，分别为初始模式和普通模式。初始模式用来检测新连接的 ONU，测量环路时延和 ONU 的 MAC 地址；普通模式给所有已经初始化的 ONU 分配传输带宽。

EPON 以多点 MAC 控制子层的 MPCP 机制为基础，MPCP 通过消息、状态机和定时器来控制访问点到多点的拓扑结构。MPCP 涉及的内容包括 ONU 发送时隙的分配、ONU 的自动发现和加入、向高层报告拥塞情况以便动态分配带宽。点到多点拓扑中的

1. Gate Processing（选通处理，OLT 指定每个 ONU 在特定的时段发送数据，分配带宽）。
2. Discovery Processing（发现处理，发现系统中未注册的ONU 并为新注册的ONU 分配LLID，测试OLT 到ONU 的距离）。
3. Report Processing（报告处理，ONU 通过该消息向OLT 申请发送带宽请求）。

每个 ONU 都包含一个 MPCP 实体，它可以和 OLT 中的 MPCP 实体进行消息交互。MPCP 在 OLT 和 ONU 之间规定了一种控制机制来协调数据的有效发送和接收：系统运行过程中的上行方向在一个时刻只允许一个 ONU 发送，位于 OLT 的高层负责处理发送的定时、不同 ONU 的拥塞报告，从而优化 EPON 系统内部的带宽分配。

MPCP 定义的 5 种控制帧如下。

① GATE（Opcode=0002）（OLT 发出）：允许接收到 GATE 帧的 ONU 立即或者在指定的时间段内发送数据。

② REPORT（Opcode=0003）（ONU 发出）：向 OLT 报告 ONU 的状态，包括该 ONU 同步于哪一个时间戳，以及是否有数据需要发送。

③ REGISTER_REQ（Opcode=0004）（ONU 发出）：在注册规程处理过程中请求注册。

④ REGISTER（Opcode=0005）（OLT 发出）：在注册规程处理过程中通知 ONU 已经识别的注册请求。

⑤ REGISTER_ACK（Opcode=0006）（ONU 发出）：在注册规程处理过程中表示注册确认。

MPCP 消息格式如图 2-3 所示。

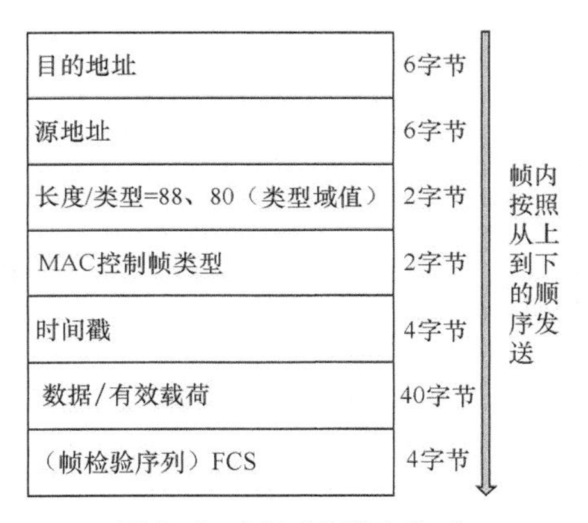

图2-3 MPCP消息格式

① 目的地址（DA）：MPCP 数据单元中的目的地址为 MAC 控制组播地址，或 MPCP 数据单元的目的接口关联的单独 MAC 地址。

② 源地址（SA）：MPCP 数据单元中的源地址是和发送 MPCP 数据单元的接口相关联的单独的 MAC 地址。

③ 长度 / 类型：MPCP 数据单元都进行类型编码，并且承载 MAC_Control_Type 域值。

④ MAC 控制帧类型：操作码指示所封装的特定 MPCP 数据单元，具体如下。

00-02：GATE。

00-03：REPORT。

00-04：REGISTER_REQ。

00-05：REGISTER。

00-06：REGISTER_ACK。

⑤ 时间戳：在 MPCP 数据单元发送时刻，时间戳域传递本地时间寄存器中的内容。

⑥ 数据 / 有效载荷：这 40 个 8 位字节用于 MPCP 数据单元的有效载荷。当不使用这些字节时，在发送时填充为 0，并在接收时忽略。

⑦ 帧检验序列（FCS）：一般由下层 MAC 产生。

MPCP 发现过程——ONU 的发现、认证和注册如图 2-4 所示。

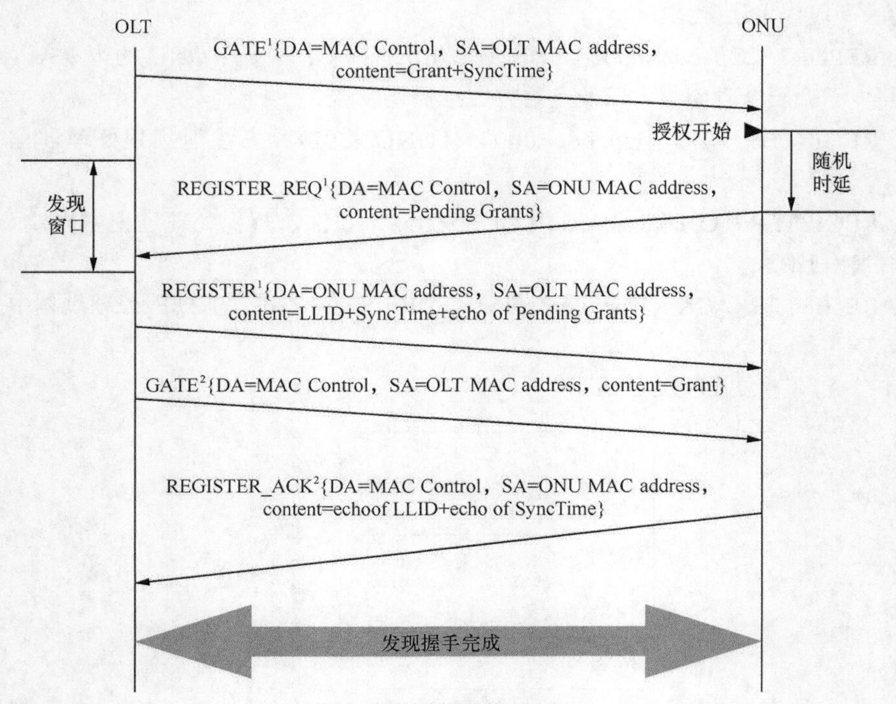

图2-4　MPCP发现过程——ONU的发现、认证和注册

该进程由 OLT 发起，它周期性地产生合法的发现时间窗口，使 OLT 有机会检测到非在线的 ONU。发现时间窗口的周期没有定义，由各设备制造商决定。OLT 通过广播发现 GATE 消息来通知 ONU 发现窗口的周期，发现 GATE 消息包含发现窗口的开始时间和长度。

非在线 ONU 接收到该消息后将等待该周期的开始，然后向 OLT 发送 REGISTER_REQ 消息。发现窗口是唯一有多个 ONU 同时访问 EPON 的窗口，因此这些发送可能发生冲突。为了减少发送冲突，所有的 ONU 应使用同一种竞争算法。通过模拟 ONU 到 OLT 距离的随机分布等措施减少冲突发生的概率。每个 ONU 在发送 REGISTER_REQ 消息前应随机等待一段时间，该时间段小于发现时间窗口的长度。值得注意的是，在一个发现时间周期内 OLT 可能会接收到多个有效的 REGISTER_REQ 消息。REGISTER_REQ 消息中包括 ONU 的 MAC 地址及最大等待授权的数目。

OLT 接收到有效的 REGISTER_REQ 消息后，将注册该 ONU，分配和指定新接口的 LLID，并将相应的 MAC 和 LLID 绑定。

发现进程的下一步是 OLT 向新发现的 ONU 发送注册（REGISTER）消息，该消息包含 ONU 的 LLID，以及 OLT 要求的同步时间。同时，OLT 还应对 ONU 最大等待授权的数目进行响应。此时，OLT 已经有足够的信息用于调度 ONU 访问 EPON，并发送标准的 GATE 消息，允许 ONU 发送 REGISTER_ACK。

当接收到 REGISTER_ACK，该 ONU 的发现进程完成，该 ONU 注册成功并且可以开始发送正常的消息流。层管理负责执行 MAC 绑定并开始对新注册的 ONU 进行发送和接收。

OLT 可以要求 ONU 重新执行发现进程并重新注册。同样，ONU 也可以通知 OLT 请求注销，然后通过发现进程进行重新注册。OLT 的重新注册（REGISTER）消息可以设置一个值来指示重新注册或注销，如果规定了上述的任一种，则将强制接收到该消息的 ONU 进行重新注册。对于 ONU，REGISTER_ACK 消息可以包含注销位，该消息通知 OLT 应注销该 ONU。

ONU 完成注册后的 MPCP 交互过程如下。

① ONU 完成注册后，系统维持一个 Keep Alive 机制。

② OLT 定期（一次最低 50ms）发送 GATE 信息给 ONU，ONU 也定期（一次最低 50ms）发送 REPORT 信息给 OLT。

③ 如果 OLT 在一定时间内没有收到 ONU 发来的任何 MPCP 消息，则认为该 ONU 的 MPCP 异常，将注销该 ONU。

④ 如果 ONU 在一定时间内没有收到 OLT 发来的任何 MPCP 消息，则认为与 OLT 之间的链路异常或者 OLT 的 MPCP 异常，也将自动注销。

⑤ MPCP 基于 MPCP 数据单元中的时间戳进行动态测距，确保多个 ONU 上行数据的有序性。

⑥ 由于 EPON 系统采用点到多点的拓扑结构，网络管理系统难以从物理接口上判断 ONU 的合法性，所以 EPON 系统提供 ONU 认证功能，防止非法 ONU 接入 EPON 系统，实现方式一般有以下 3 种。

- 基于 MAC 地址的 ONU 认证：基于 ONU 的 MAC 地址对 ONU 的合法性进行认证。
- 基于逻辑标识的 ONU 认证：采用 ONU 的逻辑标识码（LOID+Passwod 或者 SN）进行合法性认证。
- 混合认证：同时支持基于 MAC 地址的 ONU 认证方式和基于逻辑标识的 ONU 认证方式。

2.1.3 EPON 帧结构

EPON 帧基于 IEEE802.3 帧格式并进行扩展，修改了前导码，新增了 LLID，用于对 ONU 进行唯一标识。以太网帧与 EPON 帧的比较及 P2P[1] 仿真子层的实现如图 2-5 所示。

1. P2P 是指对等网络，即每台计算机相对于网络上的其他计算机，可以充当一个客户端或服务器。

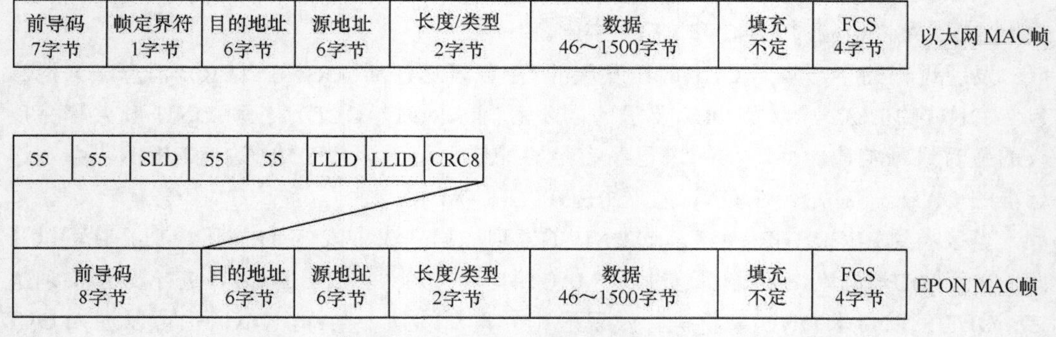

图2-5　以太网帧与EPON帧的比较及P2P仿真子层的实现

如图 2-5 所示，EPON 只在 IEEE802.3 的以太数据帧格式上做必要的改动，例如在以太帧中加入时间戳、LLID 等内容。EPON 帧基于 IEEE802.3 基本帧结构，对前导码 / 帧定界符（SFD）做出修改。其中，将第 6、7 字节作为 LLID，用于标识 ONU，将第 8 字节作为 CRC8 校验码，第 3 字节作为 SLD（LLID 起始定界符）。

作为 EPON/MPCP 的基础，EPON 实现了一个 P2P 的仿真子层，该子层使 P2MP[1] 网络拓扑对高层来说是多个点对点链路的集合。该子层是通过在每个数据包的前面加上一个 LLID 来实现的，该 LLID 将替换前导码中的两个字节。

EPON 帧分为上行帧和下行帧。

① 上行帧分为若干个时隙，每个 ONU 侦听时隙标志，在属于自己的时隙上将数据发送出去，时隙结束时关闭发送。EPON 帧结构如图 2-6 所示。其中，MODE 用于标记是 P2P 模式还是广播模式。LLID 的最大值为 32767。

② 下行帧是一个复合帧，包含多个变长数据包和同步标签。每一个变长数据包对应一个特定地址的 ONU，数据格式遵从 IEEE802.3 标准，传输速率为 1Gbit/s。每一个数据包都包含帧头、变长数据包和校验码。

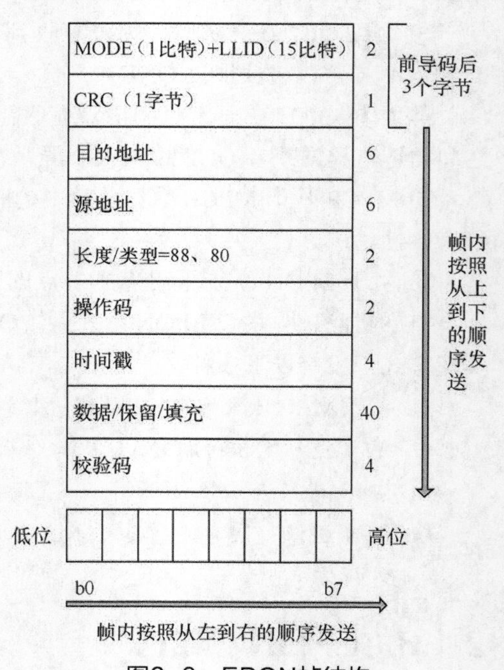

图2-6　EPON帧结构

2.1.4　EPON 上下行工作原理

EPON 从 OLT 到多个 ONU 下行传输数据和从多个 ONU 到 OLT 上行传输数据是不同的。

1. P2MP 是一种点到多点的网络类型。

EPON 下行工作原理如图 2-7 所示，EPON 下行采用纯广播的方式，具体如下。

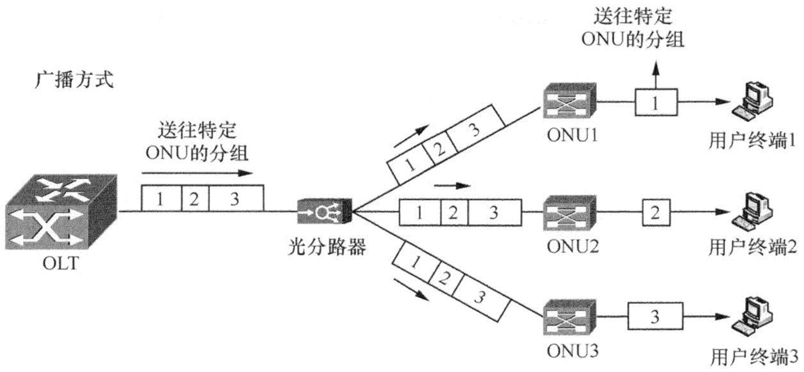

图2-7　EPON下行工作原理

① OLT 为已注册成功的 ONU 分配一个本接口下的唯一的 LLID。

② 由各个 ONU 监测到达帧的 LLID，以决定是否接收该帧。

③ 如果该帧所含的 LLID 和自己的 LLID 相同，则接收该帧；反之则丢弃。

④ 下行波长为 1490nm，下行波长中还有一个 1550nm 的波长，用来传输模拟信号。

从 OLT 到多个 ONU 以广播方式下行，每一个数据帧的帧头包含前面注册时分配的、特定 ONU 的 LLID，表明本数据帧是给 ONU（ONU1，ONU2，ONU3，…，ONU*N*）中的唯一。当数据信号到达 ONU 时，ONU 根据 LLID 在物理层上做出判断，接收给它自己的数据帧，丢弃那些给其他 ONU 的数据帧。如图 2-7 所示，ONU1 收到包 1、包 2、包 3，但是它仅将包 1 的数据发送给终端用户 1，而丢弃包 2 和包 3。

另外，有些系统性数据可以被所有的 ONU 或者一组 ONU 接收，ONU 分别对应广播或组播形式。

由于 EPON 下行采用广播方式，可以由以下方式保护用户数据的安全性。

① 硬件方面：所有 ONU 接入时，系统可以对 ONU 进行认证，认证信息可以是 ONU 的唯一标识（例如 MAC 地址或预先写入 ONU 的一个序列号），只有通过认证的 ONU，系统才允许其接入。

② 协议方面：对于给特定 ONU 的数据，其他的 ONU 也会接收到数据，在接收到数据帧后，首先会比较 LLID 是不是自己的，如果不是就直接丢弃，数据不会继续传输。

③ 软件方面：对于每一对 ONU 与 OLT 之间，可以启用 128 位的模拟保护系统进行加密，各个 ONU 的密钥是不同的。

④ 策略方面：通过虚拟局域网（VLAN）方式，将不同的用户群或不同的业务限制在不同的 VLAN 内，保障相互之间的信息隔离。

EPON 上行工作原理如图 2-8 所示，上行采用 TDMA 技术，具体如下。

① OLT 接收数据前比较 LLID 注册列表。

② 每个 ONU 在由 OLT 统一分配的时隙中发送数据帧。

③ 分配的时隙补偿了各个 ONU 距离的差距，避免了各个 ONU 之间的碰撞。

④ 上行波长为 1310nm。

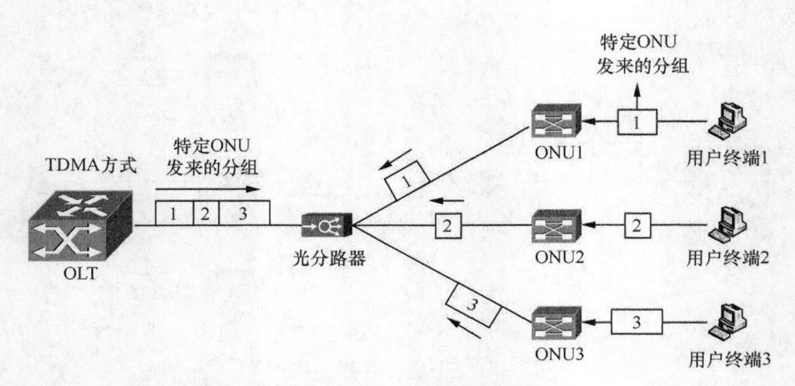

图2-8　EPON上行工作原理

从多个 ONU 到 OLT 上行数据，采用 TDMA 技术分时隙给 ONU 传输上行流量。当 ONU 在注册成功后，OLT 会根据系统配置，给 ONU 分配特定的带宽。带宽对于 EPON 层面来说，就是多少可以传输数据的基本时隙，每一个基本时隙的单位时间长度为 16ns。在一个 OLT 接口（PON 接口）下，所有的 ONU 与 OLT 的 PON 接口之间的时钟是严格同步的，每一个 ONU 只能在 OLT 给它分配的时刻上面开始，用分配给它的时隙长度传输数据。通过时隙分配和时延补偿，确保多个 ONU 的数据信号耦合到一根光纤，使各个 ONU 的上行包不会互相干扰。

2.2 EPON 关键技术

2.2.1 系统同步技术

因为 EPON 系统中的各 ONU 接入采用的是时分方式，所以 OLT 和 ONU 在通信之前必须达到同步，以保证信息正确传输。要使 OLT 和 ONU 达到同步，必须有一个共同的参考时钟，在 EPON 中以 OLT 时钟作为参考时钟，各个 ONU 时钟和 OLT 时钟同步。OLT 周期性的广播发送同步信息给各个 ONU，使其调整自己的时钟。EPON 同步的要求是在某一 ONU 的时刻 T（ONU 时钟）发送的信息比特，OLT 必须在时刻 T（OLT 时钟）接收它。

在 EPON 中由于各个 ONU 到 OLT 的距离不同，所以传输时延各不相同，要达到系统同步，ONU 的时钟必须比 OLT 的时钟有一个时间提前量，这个时间提前量就是上行传输时延，也就是如果 OLT 发送一个比特，ONU 必须在它的往返路程时间（RTT）内接收。RTT 等于下行传输时延加上上行传输时延。获得 RTT 的过程即为测距，目的是为时延补偿提供依据。当 EPON 系统达到同步时，同一 OLT 下面不同的 ONU 发送的信息才不会发生碰撞。

1. 突发时钟恢复

EPON 中 OLT 端接收机必须工作在突发模式下。因此，突发模式下的高速时钟和数据恢复技术成为其关键技术之一。传统的锁相环虽然能应用于 GHz 数量级的系统中，但是其同步时间较长，不能满足突发模式下的高速时钟同步的要求。突发模式下的时钟恢复技术可分为时间上的附加抽样和空间上的附加抽样两大类。

时间上的附加抽样，即用一个更高速的时钟，由对数据抽样所得的图案和已知图案进行对比，从而得到同步时钟。但是对吉比特级别的数据来说，需要到达约 5G 的采样速率，因此这种方案较难实现。

相对来说，使用多路时钟进行空间上的附加抽样要简单，也易于实现。

2. 系统同步技术

系统同步是指由于 EPON 上行为多点到一点的拓扑结构，每个 ONU 发送时隙必须与 OLT 的系统分配的时隙保持一致，以防止各个 ONU 上行数据发生碰撞。ONU 侧的时钟应与 OLT 侧的时钟同步。EPON 时钟同步采用时间标签方式。在 OLT 侧有一个全局计数器，下行方向 OLT 根据本地的计数器插入时钟标签 mONUment，根据接收到的时钟标签修正本地计数器，完成系统同步；上行方向 ONU 根据本地计数器插入时钟标签，OLT 根据收到的时钟标签完成测距。

2.2.2　测距技术

EPON 系统是一点到多点架构。一个 OLT 连接多个 ONU，OLT 和各个 ONU 之间的物理距离一般不同，因此传播时延也不相等。虽然每个 ONU 上行方向在各自的分配带宽中发送，但是多个 ONU 的上行发送仍然可能存在冲突。测距的目的在于消除或补偿 OLT 与各 ONU 间因路径、距离、器件、温度等差异造成的环路时延不同。

在 EPON 通信初始，系统必须对所有的 ONU 进行注册、测距和时延补偿，使各 ONU 与 OLT 有相等的逻辑距离，以避免不同 ONU 因为不相等的传输时延发生碰撞，更有效地实现上行链路带宽分配。

在 EPON 系统中主要采用空窗法测量各个 ONU 与 OLT 之间的距离，在 OLT 和 ONU 中都有一个计数器，每传输 16 比特就增加 1。按 EPON 标称速率 1.25Gbit/s 来计算，则每 16ns 增加 1。EPON 测距（RTT 计算）过程如图 2-9 所示。

当 OLT 发送 MPCP 数据单元时，把计数器的值 $T1$ 写入控制帧的时间戳中。ONU 收到控制帧后，用时间戳中的值替换计数器中的值。当 ONU 发送 MPCP 数据单元时，把计数器的值 $T2$ 写入时间戳。当 OLT 收到该帧后，其计数器值为 $T3$。用 $T3$ 减去收到帧的时间戳值 $T2$ 即得到 RTT［RTT=（$T3-T1$）–（$T2-T1$）=$T3-T2$］。

测距时机包括以下内容。

① 在注册过程中，OLT 对新加入的 ONU 启动测距过程。

② OLT 在任何收到 MPCP 数据单元的时候启动测距功能。

③ OLT 使用 RTT 来调整每个 ONU 的授权时间。

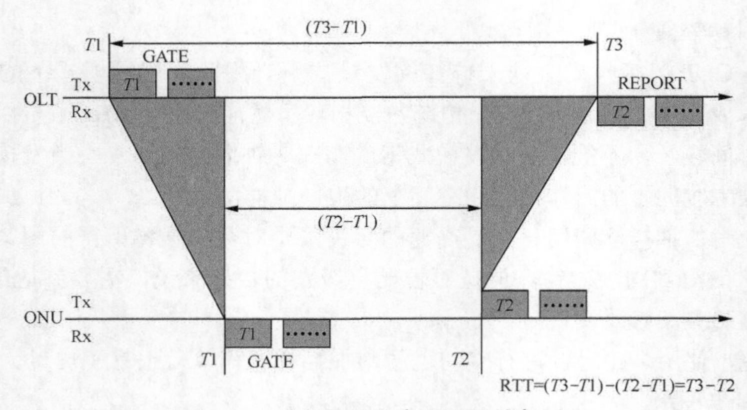

图2-9　EPON测距（RTT计算）过程

2.2.3　ONU 发现与注册

当一台 ONU 接入 EPON 时，是 ONU 主动去找 OLT，还是 OLT 去找 ONU？ OLT 又是怎么知道网络中又加入了新的 ONU？多个 ONU 同时加入网络中时，会不会发生冲突？当新 ONU 加入时，会不会影响已经正常工作的 ONU？带着这些问题，本节来探讨 EPON 系统 ONU 的发现和注册过程。

从 EPON OLT 侧来看，ONU 注册是指 ONU 完成 MPCP 中的注册流程并建立 OAM 通道。ONU 的发现和注册是新连接或将非在线 ONU 接入 PON 系统并建立与 OLT 的 MPCP 连接的过程。ONU 注册流程如图 2-10 所示。

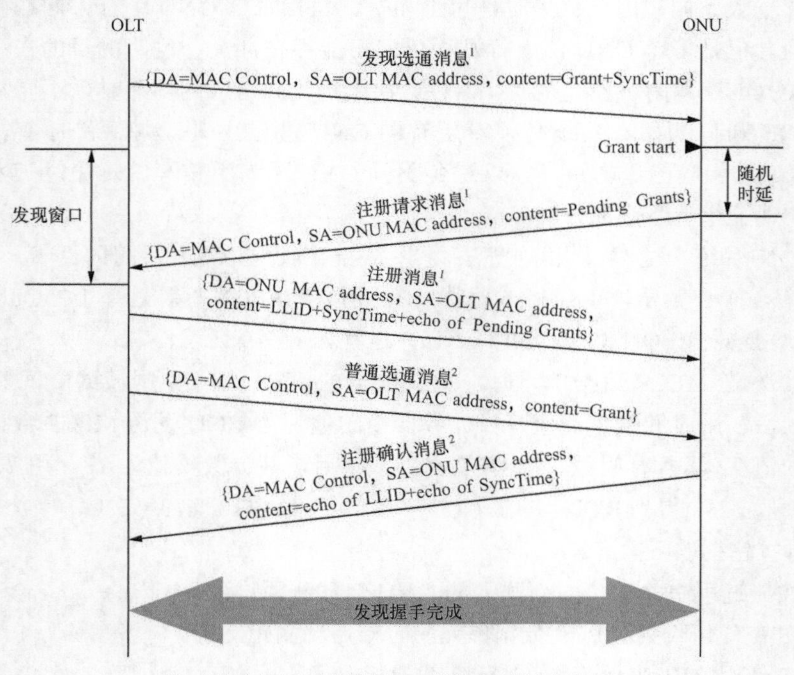

图2-10　ONU 注册过程

步骤 1：OLT 通过广播一个发现 GATE 消息来通知 ONU 发现窗口的周期。发现 GATE 消息包含发现窗口的开始时间和长度；该消息由 OLT 每隔一定时间，以广播方式发送一次，所有未注册的 ONU 都能够收到。

步骤 2：非在线 ONU 接收到该消息后将等待该周期的开始，然后向 OLT 发送 REGISTER_REQ 消息［REGISTER_REQ 消息中包括 ONU 的 MAC 地址及最大等待授权的数目（Pending Grants）］。

步骤 3：OLT 接收到有效的 REGISTER_REQ 消息后，将注册该 ONU，分配和指定新接口的 LLID，并将相应的 MAC 和 LLID 绑定。OLT 向新发现的 ONU 发送注册消息，该消息包含 ONU 的 LLID，以及 OLT 要求的同步时间。同时，OLT 还对 ONU 最大等待授权的数目进行响应。

步骤 4：此时 OLT 已经有足够的信息用于调度 ONU 访问 PON，并发送标准的 GATE 消息，允许 ONU 发送 REGISTER_ACK。

步骤 5：当接收到 REGISTER_ACK，该 ONU 的发现进程完成，该 ONU 注册成功并且可以开始发送正常的消息流。

如果多个 ONU 同时注册，该如何解决它们之间的冲突？

当系统中存在多个等待注册的 ONU 时，就有可能发生冲突。ONU 在收到 OLT 的注册信息时，在注册窗口允许的时间内发送注册信息。但是由于 ONU 未注册，没有进行测距，进而没有相应的时隙补偿，会造成 ONU 所发出的数据产生重叠，造成冲突。

当 ONU 在发出注册请求帧的一段时间后，没有收到 OLT 返回的注册帧，此 ONU 认为自己的注册发生了冲突，自动进入退避算法，重新发送注册请求。

为此，EPON 系统专门设置了两种解决方法。

① 随机跳窗法：当发生注册冲突时，ONU 随机跳过若干个时间窗口，重新发送注册帧。此方法适用于小注册时间窗口，节约带宽，但 ONU 等待时间较长，上线较慢。

② 发现时间窗口内随机时延法：当发生注册冲突时，ONU 随机在时间窗口内退后一定时间，再发送注册帧。此方法 ONU 注册上线时间较快，但注册窗口要开得大一些，因此减小了整体的带宽利用率，降低了系统效率。

ONU 完成注册后，还需要通过定期与 OLT 进行 MPCP 消息的交互以维持这种注册关系（Keep Alive），即类似于其他通信系统中的“心跳”。OLT 发给 ONU 的“心跳”消息一般是 NORMAL GATE 消息，ONU 发给 OLT 的“心跳”消息一般是 REPORT 消息。如果在一定的时间（标准规定为 1s）内没有收到对端发来的 MPCP 消息，OLT 或者 ONU 就会认为对方或者彼此之间的链路发生了重大故障，进而解除注册 ONU。ONU 自身还有一个机制确保至少每 50ms 向 OLT 发送一个 REPORT 消息，使 OLT 知道自身还处于在线状态。

2.2.4　动态带宽分配技术

在 EPON 系统的上行方向，采用 TDMA 方式实现多个 ONU 对上行带宽的多址接入，其带宽分配方案可以分为动态带宽分配（DBA）和静态带宽分配（SBA）。其中，DBA 是指 OLT 根据 ONU 的实时带宽请求获取各 ONU 的流量信息，通过特定的算法为 ONU

动态分配上行带宽，保证各ONU上行数据帧互不冲突，DBA技术的带宽效率高，能够满足QoS要求。SBA是指OLT周期性地为每个ONU分配固定的时隙作为上行发送窗口，SBA技术实现简单，但存在带宽利用率低、带宽分配不灵活、对突发性业务适应能力差等问题。

相较于SBA，DBA是指OLT基于用户的服务水平协议，结合ONU的本地队列状态的汇报（REPORT帧中的Queue#nReport，Queue#nReport值表示队列*n*在REPORT消息产生时刻在该QueueSet所对应的阈值下完整以太网帧的总长度及其所需的帧间隔和FEC开销）或者业务预测动态地给ONU发布上行业务授权。

DBA采用集中控制方式，所有的ONU的上行信息发送，都要向OLT申请带宽，OLT根据ONU的请求按照一定的算法给予带宽（时隙）占用授权，ONU根据分配的时隙发送信息。DBA算法的基本思路：各ONU利用上行可分割时隙反应信元到达时间分布并请求带宽，OLT根据各ONU的请求公平合理地分配带宽，并同时考虑处理超载、信道有误码、有信元丢失等情况的处理。

EPON系统中，DBA的实现基于两种MPCP帧：GATE消息和REPORT消息。ONU利用REPORT帧向OLT汇报其上行队列的状态，向OLT发送带宽请求。OLT根据与该ONU签署的SLA和该ONU的带宽请求，利用特定的算法计算并给该ONU发布上行带宽授权，以动态控制每个ONU的上行带宽。EPON系统的DBA一般采用循环调度的方式。DBA原理示意如图2-11所示。

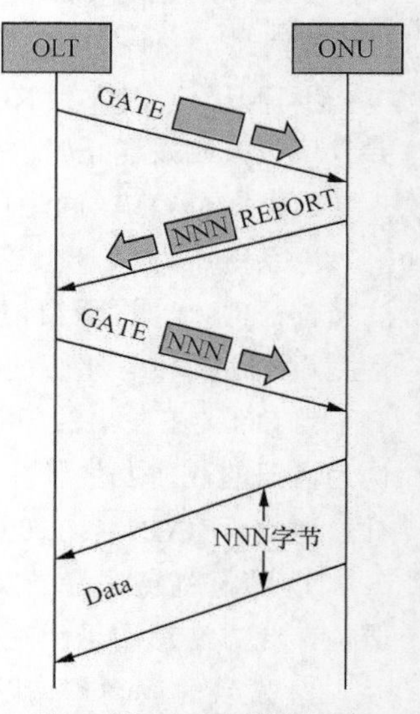

图2-11　DBA原理示意

DBA的工作流程如下。

①“GATE—REPORT—GATE—REPORT……”循环。

② OLT给ONU发布的授权在GATE消息中承载。

③ ONU通过REPORT消息使OLT了解其本地的队列状态和业务流量。

④ Grant的分配是基于特定算法的。

⑤ DBA要按照SLA进行授权分配，保证带宽、最大带宽等参数。

对DBA而言，应保证业务透明性、大带宽利用率、低时延和抖动、公平带宽分配、健壮性。DBA的基本参数包括最小带宽和最大带宽，也可能包含时延和优先级参数。另外，DBA算法对于多业务环境下的上行QoS保证是至关重要的，需要具有必要的QoS机制。

根据每个ONU中LLID的数量，可以将DBA算法分为单LLID和多LLID。

（1）基于单LLID的DBA算法

在单LLID的方式中，每个ONU有多个优先级序列，但是都映射到一个LLID（单播），将数据发送给OLT，并且ONU上报给OLT的带宽请求是所有队列的长度之和。目前有以下两种主流的实现方式。

① 两级调度算法。ONU 将上行业务映射到相应的优先级队列后，利用 REPORT 帧将所有队列的带宽请求之和上报给 OLT，由 OLT 根据 ONU 的队列状态信息，利用特定的算法计算并为该 ONU 发布带宽授权（第一级调度）。每个 ONU 根据 OLT 发布的带宽授权，基于特定的调度算法进行队列调度（第二级调度），例如，严格优先级（SP）、加权循环调度（WRR）、加权公平队列（WFQ）等。这些算法可以根据阈值给 OLT 上报多个队列集（Queue Set）。

两级调度的方法减少了以队列为单位调度时多个 GATE 和 REPORT 消息的交互，适用于业务优先级小并且对服务质量要求不高的网络。

② 保证带宽优先算法。OLT 以每个 ONU 的保证带宽为基准，将带宽优先分配给每个 ONU 的保证带宽，再根据 ONU 上报的队列长度信息和实际的可用带宽情况，对剩余带宽在各个 ONU 之间按一定原则（例如权值）进行分配。在这种算法中，ONU 上报的 REPORT 消息内只有一个队列集，并且上报的是相应队列的总长度。

保证带宽优先算法适用于业务模式和流量较固定的网络。由于 OLT 无法精确地知道每个 ONU 的队列情况，分配的带宽很难保证是完整的以太网帧，因此会造成带宽的浪费，且 DBA 算法的颗粒优先度较大。

（2）基于多 LLID 的 DBA 算法

在这种方式中，用户的业务根据优先级映射到每个队列后，一个队列或者具有相同优先级的多个队列对应一个 LLID，因此每个 ONU 有多个 LLID 用于上行业务传输。OLT 以 LLID 为基本单位分配带宽。

在多 LLID 的方式中采用了一级（直接）调度的方式，每个 LLID 都将自己的带宽请求上报给 OLT，所以 OLT 实际上获取了 EPON 系统中每个队列的带宽请求，通过带宽分配算法将带宽公平地分配给多个队列。这种算法在服务质量保证的基础上具有明显的优势，能保证每个 ONU 中的高优先级业务的带宽需求。

必须指出的是，在采用多 LLID 的系统中，如果 ONU 上多个队列映射到一个 LLID，ONU 也需要有本地调度功能。

在这种 DBA 实现方式中，OLT 可以根据业务优先级将 LLID 分成多级，以加权循环的方式进行调度。对于 TDM、VoIP[1] 等对时延敏感的业务，可以将其授权频率提高，以改善时延和抖动性。

单 LLID 和多 LLID 的比较见表 2-1。

表2–1　单LLID和多LLID的比较

指标项	单LLID		多LLID
	两级调度算法	保证带宽优先算法	
支持的LLID数	1	1	4
队列集数量	多个	1个	多个
阈值的数量	≥1	无	≥1

1. 基于 TCP/IP，在 IP 网络上提供的一种电话业务。

续表

指标项	单LLID		多LLID
	两级调度算法	保证带宽优先算法	
ONU上报队列信息	ONU的队列长度之和	ONU的队列总长度之和	ONU中每个队列的长度
ONU调度功能	支持	支持	不支持
宽带颗粒性	粗	粗	细
时延特性	差	差	好
业务服务保证质量	较差	较差	好

2.3 QoS 保障

EPON 系统采用的 QoS 技术，包括流分类、拥塞管理、承诺访问速率（CAR）、通用流量整形（GTS）等。

1. 流分类

报文分类是将报文分为多个优先级或多个服务类，例如，使用 IP 报文头的服务类型（ToS）字段、802.1q，最多可以将报文分成 6 类（另外两个值保留为其他用途）。在报文分类后，可以将其他的 QoS 特性应用到不同的分类，例如拥塞管理、带宽分配等。

网络管理者可以设置报文分类的策略，可以依据下面的属性进行分类。

① 目的地址的 MAC、源地址的 MAC。

② 以太网优先级、VLAN ID、以太网类型。

③ 目的 IP 地址、源 IP 地址。

④ IP 类型，如 IP、互联网控制报文协议（ICMP）、互联网组管理协议（IGMP）等。

⑤ IP ToS/ 区分服务码点（DSCP）（IPv4）、IP Precedence（IPv6）。

⑥ L4 源端口、L4 目的端口。

报文分类使用访问控制列表（ACL）技术：系统对输入报文流将按照 ACL 所定义的规则进行匹配处理。如果匹配规则，则交于 QoS 进一步策略动作执行处理，包括报文过滤、优先级标记、接口限速、流量限制、流量统计、报文重定向、报文镜像，在完成策略执行处理后再转发输出报文流；否则，按照 ACL 规则的定义，不匹配规则的报文将被丢弃或被转发。

在网络边界，对报文进行分类时，同时设置报文的 IP 头的 ToS 字段作为报文的 IP 优先级或者 802.1p 字段，这样在网络的内部就可以简单地使用 IP 优先级作为分类标准，而队列技术（例如 WFQ）也可以使用这个优先级来对报文进行处理。

下游网络可以选择接受上游网络的分类结果，也可以按照自己的分类标准重新进行分类。

2. 拥塞管理

拥塞管理有多种实现方式，包括先进先出（FIFO）、优先级队列（PQ）、WFQ、WRR 算法。其中，WRR 算法可以保证最低优先级队列至少获得一定带宽，避免了采用 PQ 调度时低优先级队列中的报文可能长时间得不到服务的缺点。WRR 算法还有一个优点是，虽然多个队列的调度是循环进行的，但是每个队列不是固定地分配服务时间片——如果某个队列为空，那么马上换到下一个队列调度，这样带宽资源可以得到充分的利用。

WRR 算法将每个接口分为多个输出队列，队列之间轮流调度，保证每个队列都能得到一定的服务时间，WRR 算法可为每个队列配置一个加权值（依次为 *W*3、*W*2、*W*1、*W*0），加权值表示获取资源的比重。例如，一个 100M 接口，配置它的 WRR 队列调度算法的加权值为 50、30、10、10（依次对应 *W*3、*W*2、*W*1、*W*0），这样可以避免最低优先级队列中的报文可能长时间得不到服务的缺点。

3. 承诺访问速率

承诺访问速率（CAR）是一种流量策略的分类和标记的方法，基于 IP 优先级、DSCP 值、MAC 地址或者访问控制列表来限制 IP 流量的速率。也就是区分报文类型，使用令牌桶技术对各类流量进行测量，测量后的报文采用多种操作，包括放行、丢弃、重标记、转入下一级监管等多种操作。

流量监管的典型作用是限制进入某一网络的某一连接流量与突发，在报文满足一定条件的情况下，例如某个连接的报文流量过大，流量监管就可以选择丢弃报文，或重新设置报文的优先级。通常会使用 CAR 来限制某类报文的流量，例如限制超文本传送协议（HTTP）报文不能占用超过 50% 的网络带宽。

对于互联网服务提供商来说，对用户送入网络中的流量进行控制是必要的。针对企业网，对某些应用的流量进行控制也是一个有力的控制网络状况的工具。网络管理者可以使用 CAR 对流量进行控制。CAR 的处理过程示意如图 2-12 所示。

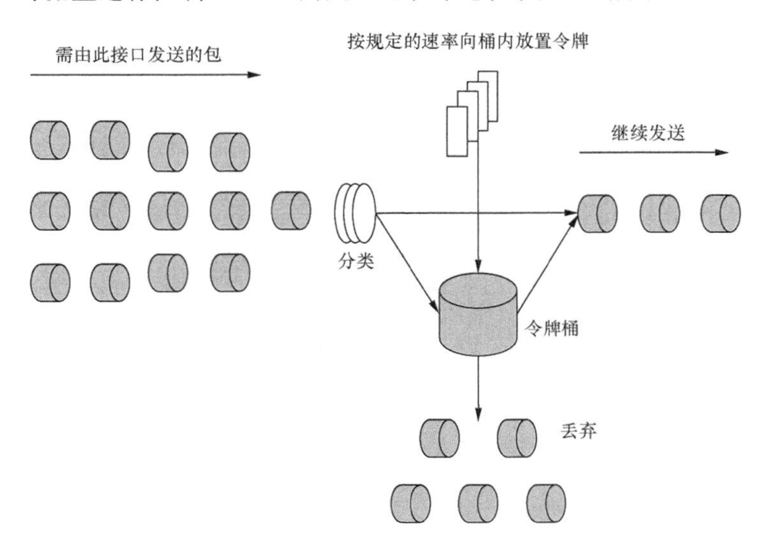

图2-12　CAR的处理过程示意

CAR 的处理过程：首先将报文分类，如果某类报文规定了流量特性，则进入令牌桶中进行处理。如果令牌桶中有足够的令牌可以用来发送报文，则报文可以通过，并被继续发送下去。如果令牌桶中的令牌不满足报文的发送条件，则报文被丢弃。这样，就可以对某类报文的流量进行控制。

令牌桶按用户设定的速度向桶中放置令牌，且令牌桶有用户设定的容量，当桶中令牌数量超出桶容量的时候，令牌的量不再增加。当报文被令牌桶处理的时候，如果令牌桶中有足够的令牌可以用来发送报文，则报文可以通过，被继续发送，同时，令牌桶中的令牌量按报文的长度相应地减少。当令牌桶中的令牌少到报文不能发送时，报文被丢弃。

令牌桶是一个控制数据流量的工具。当令牌桶中充满令牌时，桶中所有的令牌代表的报文都可以被发送，这样可以允许数据的突发性传输。当令牌桶中没有令牌时，报文将不能被发送，只有等到桶中生成新令牌，报文才可以发送，这就可以限制报文的流量只能是小于等于令牌生成的速度，达到限制流量的目的。

4. 通用流量整形

流量整形的典型作用是限制流出某一网络的某一连接流量与突发，使这类报文以比较均匀的速度向外发送。这通常使用缓冲区和令牌桶来完成，当报文的发送速度过快时，首先在缓冲区进行缓存，在令牌桶的控制下，均匀发送这些被缓冲的报文。

利用 CAR 可以控制报文的流量特性，对流量加以限制，对不符合流量特性的报文进行丢弃。如果对需要丢弃的报文进行缓冲，可以减少报文的丢弃，同时满足报文的流量特性，这就是通用流量整形（GTS）。

GTS 处理过程示意如图 2-13 所示。当报文到来时，首先对报文进行分类，如果报文需要进行 GTS 处理，则将报文送入 GTS 队列。当 GTS 队列中有报文时，GTS 按照一定的周期从队列中取出报文进行发送。每次发送报文时，将把 GTS 令牌桶中的令牌代表的数据量都发送出去。

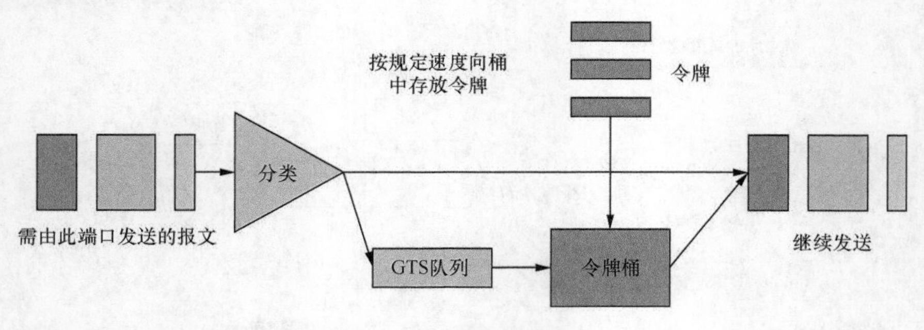

图2-13　GTS处理过程示意

第3章 解密 GPON 技术

【项目引入】

GPON 技术是基于 ITU-TG.984.x 标准的宽带无源光综合接入标准，具有大带宽、高效率、覆盖范围广、用户接口丰富等优点，符合“宽带中国战略”，被大多数运营商视为推进“光进铜退”，加快“宽带提速”，最终实现光纤到户的理想技术之一。

GPON 技术作为当今盛行的宽带接入网两大技术之一，在现网中得到了大规模的应用。如果要深入掌握这门实用性技术，则需要从了解其基本原理和关键技术开始。本章从 GPON 系统入手，由浅入深，逐步展开对 GPON 技术的讲解。技术原理部分比较抽象，理论性较强，也是本书理论讲解最深入的部分。通过夯实理论知识，结合后期的相关工程内容来学习，深入且全面地理解 GPON 技术。

【学习目标】

- 了解 GPON 的定义、技术标准、系统层次模型。
- 理解 GEM 帧结构，GPON 的关键技术。
- 掌握 GPON 上下行工作原理、GPON 数据帧结构及其字段功能分析。
- 比较 EPON 技术和 GPON 技术。

3.1 GPON 技术基础

3.1.1 GPON 的定义

GPON 技术是 PON 中一个重要的技术分支。GPON 的概念最早由 FSAN 联盟在 2001 年提出。ITU-T 根据 FSAN 联盟组织关于吉比特业务需求的研究报告，重新制定了 PON 要达到的关键指标，同时借鉴 APON/BPON 技术的研究成果，开始进行新一代 PON 技术标准的研究工作，于 2003 年讨论通过了 GPON 标准。FSAN/ITU 推出 GPON 技术最主要的原因是网络 IP 化进程加速和 ATM 技术的逐步萎缩导致之前基于 ATM 技术的 APON/BPON 技术在商用化和实用化方面严重受阻，亟须一种高传输速率、适宜 IP 业务承载，同时具有综合业务接入能力的光接入技术。在这样的背景下，FSAN/ITU 以 APON/BPON 标准为基本框架，重新设计了新的物理层传输速率和传输汇聚（TC）层，推出了新的 GPON 技术和标准。它通过为用户提供千兆比特的带宽、高效的 IP、TDM 承载模式，为其提出了完善的解决方案。

3.1.2 GPON 技术标准

GPON 标准即 ITU G.984.x 系列标准规范，目前已经有 ITU G.984.1 ~ ITU G.984.7，共 7 个标准。

（1）G.984.1——概述

该标准主要规范了业务模型、参考配置、基本技术要求、保护方式等一般特性。

（2）G.984.2——PMD 层技术要求

该标准主要规范了光接入网的结构、基本要求、UNI、SNI，以及与 TC 层的相互关系。

（3）G.984.3——TC 层

该标准主要规范了网络层次模型、复用机制、TC 帧结构、激活方式、OAM 功能、安全性、FEC 等内容。

（4）G.984.4——光网络单元管理控制接口（OMCI）

该标准主要规范了管理信息库（MIB）、ONU 管理控制通道、ONU 管理控制协议。

（5）G.984.5——增强频带

该标准主要规范了缩窄下行波长的范围，ONU 新增波长过滤模块。

（6）G.984.6——到达扩展

该标准主要规范了如何在 ODN 中增加有源扩展盒来有效扩展 GPON 的最长距离，并给出了几种类型的扩展盒模型。

（7）G.984.7——覆盖距离

该标准包含一组 GPON 物理媒体相关要求和传输汇聚层要求，允许将 GPON 系统的最大差分光纤距离由 ITU-T G.984.1 所要求的传统 20km 扩展到 40km。

3.2 GPON 技术原理

3.2.1 GPON 系统层次模型

GPON 技术特征主要体现在 GPON 的传输汇聚层，传输汇聚层又分为成帧子层和适配子层。GPON 系统层次模型如图 3-1 所示。

GTC[1] 成帧子层完成 GTC 帧的封装、终结所要求的 ODN 传输功能，PON 的特定功能（例如，测距、带宽分配等）也在 PON 的成帧子层终结，在适配子层看不到。GTC 适配子层提供协议数据单元（PDU）与高层实体的接口。ATM 和 GEM[2] 信息在各自的适配子层完成服务数据单元（SDU）与 PDU 的转换。OMCI 适配子层高于 ATM 和 GEM 适配子层，它识别 VPI/VCI[3] 和 Port-ID，并完成 OMCI 通道数据与高层实体的交换。

1. GTC（GPON Transmission Convergence，GPON 传输汇聚）。
2. GEM（GPON Encapsulation Mode）是一种在 GPON 上封装数据的方式，它可以实现多种数据简单、高效的适配封装，将变长或者定长的数据分组进行统一的适配处理，并提供接口复用功能。
3. VPI（虚路径标识符）和 VCI（虚通道标识符）是 DSIAM 识别各 ATM 终端的标志。

GPON有ATM模式和GEM模式两种传输模式。随着ATM技术的淡出，本书仅讲述GEM模式，不再探讨涉及ATM模式的相关内容。

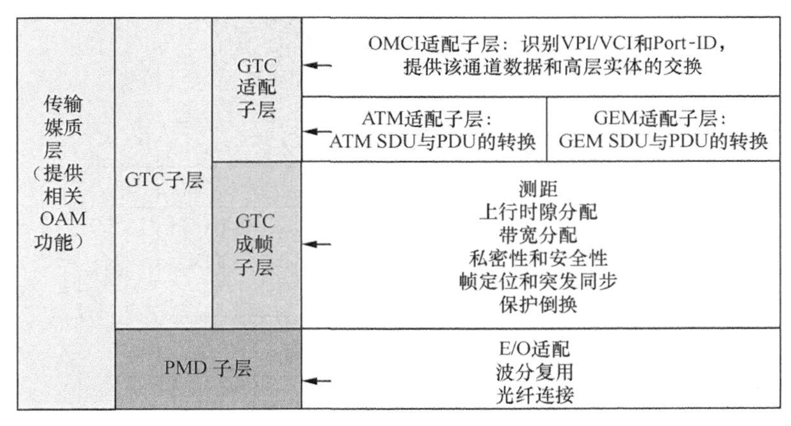

图3-1　GPON系统层次模型

3.2.2 GPON协议栈

GPON使用GEM协议进行封装。GPON协议参考模型如图3-2所示。

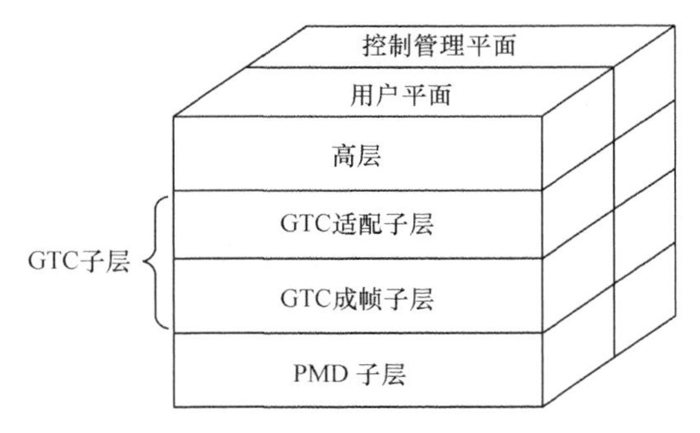

图3-2　GPON协议参考模型

GPON由控制管理平面和用户平面组成。控制管理平面管理用户数据流，完成安全加密等OAM功能；用户平面完成用户数据流的传输。用户平面分为PMD子层、GTC子层和高层，GTC子层又进一步分为GTC适配子层和GTC成帧子层；高层的用户数据和控制/管理信息通过GTC适配子层进行封装。

GEM信息在各自的适配子层完成SDU与PDU的转换。GTC适配子层可以承载基于包的协议，例如，IP、PPP或者恒定比特率的业务流。GEM适配方式基于通用成帧协议（GFP），GEM不支持透明传输模式，其头部与GFP也不相同，并且考虑到PON多ONU、多接口复用的情况，引入了Port-ID。此外，GEM还借鉴了GFP的帧同步机制，采用自描述方式确定帧边界，因此，GEM帧的同步与GFP帧的同步一样。

1. GTC协议栈

在GTC成帧子层，GEM块、嵌入的OAM和PLOAM（Physical Layer OAM）形成GTC帧。

若嵌入的OAM通道信息直接嵌入GTC帧头，对GTC成帧子层进行控制，该子层就会被终结。PLOAM信息作为该子层的客户业务处理。GTC成帧子层对所有的数据都是全局可见的，OLT GTC成帧子层与所有的ONU GTC成帧子层直接对等。GTC协议栈示意如图3-3所示。

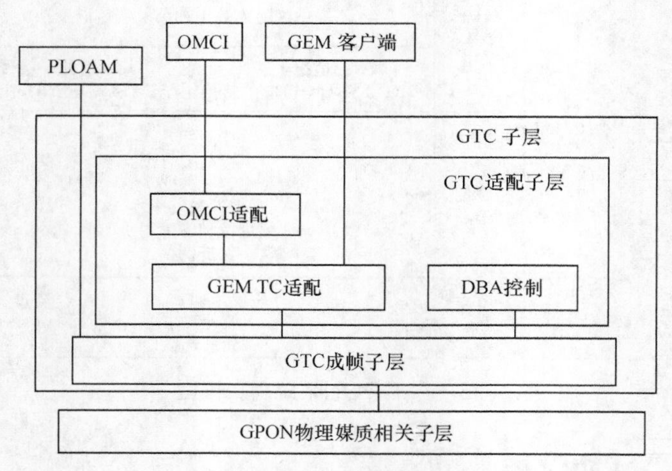

图3-3　GTC协议栈示意

GEM SDU在其适配子层转换为GEM PDU。这些PDU中包括OMCI通道数据，这些数据在该子层被识别，与OMCI实体间相互转化。

从另一种角度来看，GTC由控制管理平面和用户平面组成，控制管理平面可以管理用户的业务流量、安全性、业务OAM等，嵌入式OAM、PLOAM块和OMCI被归为控制管理平面。

用户平面承载用户业务，完成用户数据流的传输。

（1）控制管理平面协议栈

GTC层的控制管理平面包括嵌入式OAM、PLOAM块和OMCI 3个部分，如图3-4所示。

在GTC成帧子层，GEM块、嵌入式OAM和PLOAM块形成GTC帧。嵌入式OAM通道信息直接嵌入GTC帧头，控制GTC成帧子层，并在该子层就会被终结。

其功能说明如下。

嵌入式OAM通道功能包括上行带宽授权、密钥切换指示和DBA信息报告。采用OAM信息直接映射到帧中的相应域，能够保证控制信息的传送与处理的实时性。

PLOAM块通道功能包括物理层和传输汇聚层中不通过OAM信道传送的所有信息，通过消息交互方式实现，因此，PLOAM块通道是实时性低于嵌入式OAM通道的低时延通道。

OMCI通道用来管理高层定义的业务，包括ONU的可实现的功能集、T-CONT（传输聚合体，是G.983.4中规范的概念，它通过Alloc-ID滤波器来识别，是捆绑业务单元）业务种类与数量、QoS参数协商等，是实现GPON集中业务管理的信令传输通道。它通过GEM封装，实时性最低，但处理层次高，保证了开放性、可扩展性。为了更好地理解后面研究的内容，此处简要介绍T-CONT。

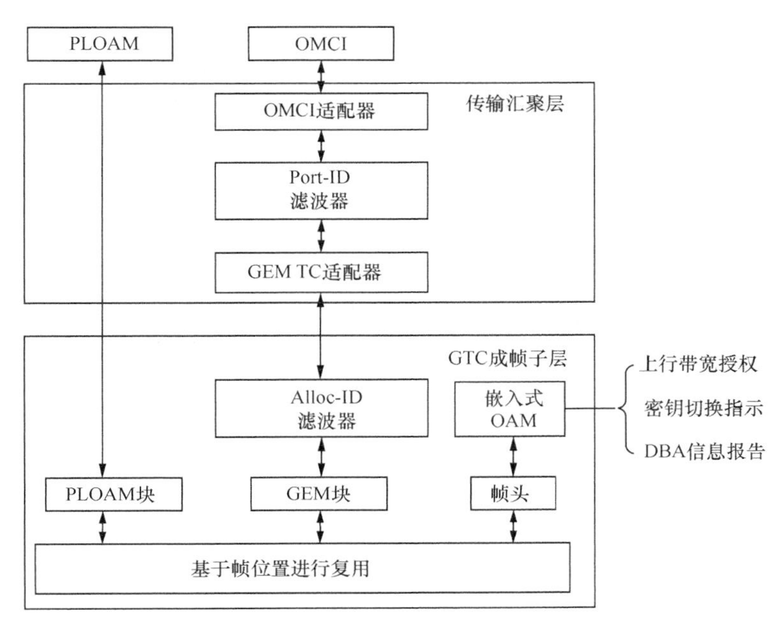

图3-4　控制管理平面协议栈

T-CONT 的功能：动态接收 OLT 下发的授权，管理 PON 系统传输汇聚层的上行带宽分配，改善 PON 系统中的上行带宽。

T-CONT 的带宽类型：固定带宽、保证带宽、非保证带宽、尽力而为带宽、最大带宽等。

T-CONT 的 5 种类型：Type1、Type2、Type3、Type4、Type5。

T-CONT 类型示意如图 3-5 所示，T-CONT 类型和宽带类型之间的关系见表 3-1。它们分别表示了 T-CONT 类型，以及 T-CONT 类型与带宽类型之间的关系。

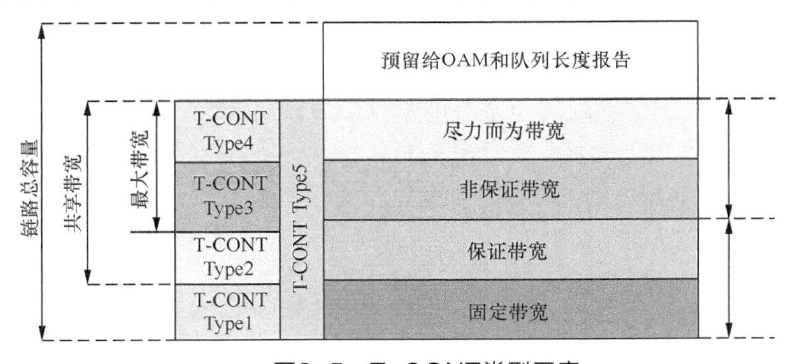

图3-5　T-CONT类型示意

表3-1　T-CONT类型和带宽类型之间的关系

带宽类型	是否时延敏感	T-CONT类型				
		Type1	Type2	Type3	Type4	Type5
固定带宽	是	×				×
保证带宽	否		×	×		×

续表

带宽类型	是否时延敏感	T-CONT类型				
		Type1	Type2	Type3	Type4	Type5
非保证带宽	否			×		×
尽力而为带宽	否				×	×
最大带宽	否			×	×	×

说明：

根据业务的优先级，系统对每个ONU设置SLA，对业务的带宽进行限制。

最大带宽和最小带宽是对每个ONU的带宽进行限制，保证带宽分配根据业务优先级的不同而不同，一般语音业务的优先级最高，视频业务的优先级次之，数据业务的优先级最低。

OLT根据业务和SLA及ONU的实际情况进行带宽许可，优先级高的可以得到更大的带宽以满足业务需求。

（2）用户平面协议栈

用户平面的业务流由业务类型（GEM模式）和Port-ID标识组成，其协议栈如图3-6所示。下行块或上行分配ID（Alloc-ID）承载的数据指示了流类型。12比特的Port-ID用于标识GEM业务流。T-CONT由Alloc-ID标识，是一组业务流。每个T-CONT的带宽分配和QoS控制通过控制时隙数量的变化来实现。不同的业务类型必须被映射到不同的T-CONT，并由不同的Alloc-ID标识。Port-ID用来识别GEM业务流，带宽分配和QoS保障都以每个T-CONT为单位授权控制，不同的业务类型不能映射到同一个T-CONT，必须被映射到不同的T-CONT，有不同的Alloc-ID。

GTC中的GEM流操作归纳如下。

在下行方向，GEM帧由GEM块承载并送至所有ONU。GTC成帧子层对GEM帧进行解压提取GEM帧，GEM TC适配器根据帧头中的12比特的Port-ID过滤GEM帧，使只有携带正确Port-ID的帧才被允许到达GEM客户端。

在上行方向，GEM流由一个或多个T-CONT承载。OLT接收到与T-CONT关联的GEM流后，会将帧转发到GEM TC适配器，然后送至GEM客户端。

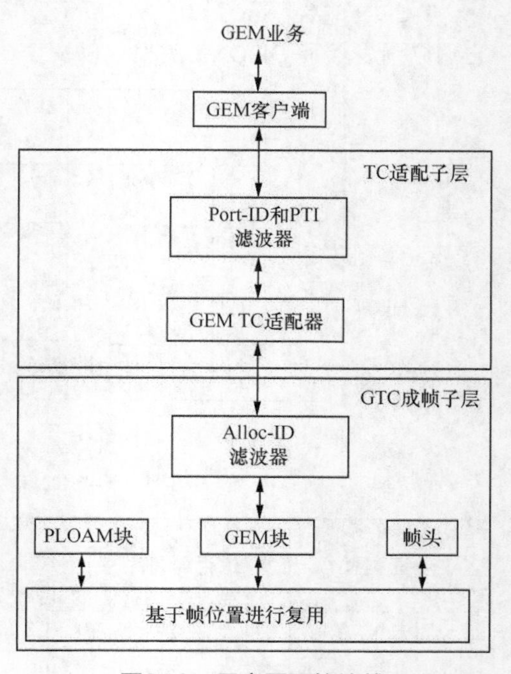

图3-6　用户平面协议栈

2. GTC 关键功能

（1）媒质接入控制流

GTC 系统为上行业务流提供媒质接入控制，其基本思路是下行帧指示上行流在上行帧中的允许位置，上行帧和下行帧同步。

以每个 ONU 支持一个 T-CONT 为例，GTC TC 媒质接入控制的概念示意如图 3-7 所示。OLT 在下行物理层控制块（PCBd）中发送指针，这些指针指示了每个 ONU 上行发送的开始时间和结束时间。这样在任意时刻只有一个 ONU 可以访问媒质，在正常工作状态下不会发生碰撞。指针以字节为单位，允许 OLT 以带宽粒度为 64kbit/s 对媒质进行有效的静态控制。然而，一些 OLT 应用可以选择更大的指针粒度来实现更好的动态带宽调度控制。要求 OLT 向各 ONU 发送的指针按开始时间的升序排列，建议所有指针都按其开始时间的升序发送。

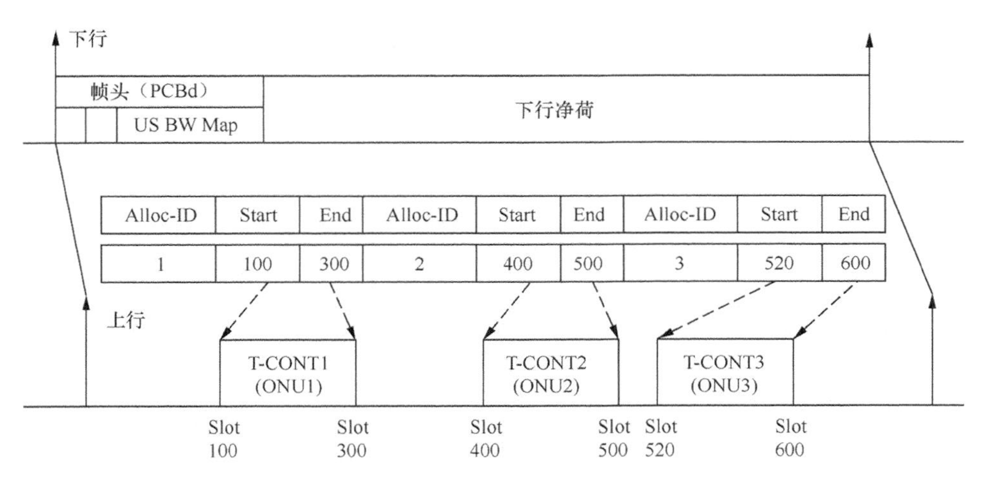

图3-7　GTC TC媒质接入控制的概念示意

（2）ONU 注册

ONU 注册由自动发现流程完成。ONU 注册有两种方式：“配置 S/N”方式和“发现 S/N”方式。其中，“配置 S/N”方式是通过管理系统（如 NMS 和 / 或 EMS）在 OLT 注册 ONU 序列号；“发现 S/N”方式是不通过管理系统（如 NMS 和 / 或 EMS）在 OLT 注册 ONU 序列号。

3. GTC 子层的功能

（1）GTC 成帧子层

GTC 成帧子层包括以下 3 个功能。

① 复用和解复用。PLOAM 和 GEM 部分根据帧头指示的边界信息复用到下行 TC 帧中，并可以根据帧头指示从上行 TC 帧中提取出 PLOAM 和 GEM 部分。

② 帧头生成和解码下行帧的 TC 帧头按照格式要求生成，上行帧的帧头会被解码。此外还要完成嵌入式 OAM。

③ 基于 Alloc-ID 的内部路由功能。基于 Alloc-ID 的内部标识为来自 / 送往 GEM TC 适配器的数据进行路由。

（2）GTC 适配子层和上层实体接口概述

适配子层提供了 2 个 TC 适配器，即 GEM TC 适配器和 OMCI 适配器。GEM TC 适配器生成来自 GTC 成帧子层各 GEM 块的 PDU，并将这些 PDU 映射到相应的块。

适配器向上层实体提供了 GEM 接口，GEM TC 适配器经过配置后可将帧适配到不同的帧传送接口。此外，适配器根据特定的 Port-ID 识别 OMCI 通道。OMCI 适配器从 GEM TC 适配器接收数据并传送到 OMCI 实体，另一方面它也可以把 OMCI 实体数据传送到 GEM TC 适配器。

4. GTC TC 的帧结构

GTC TC 下行帧结构如图 3-8 所示。对于下行速率为 1.24416Gbit/s 和 2.48832Gbit/s 的数据流，帧长均为 125μs。因此，1.24416Gbit/s 系统的帧长为 19440 字节，而 2.48832Gbit/s 系统的帧长为 38880 字节，但两种速率情况下 PCBd 的长度是相同的，依赖于每帧中分配结构的数目。PCBd 包含了一些字段，OLT 以广播的方式发送 PCBd，每个 ONU 都接收整个的 PCBd，然后 ONU 按照其中包含的相关信息运行。

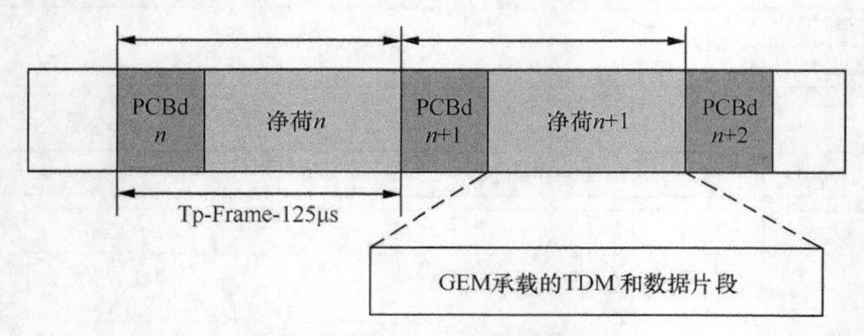

图3-8　GTC TC下行帧结构

比特和字节顺序：所有域的发送顺序从最高比特位开始，例如，0xF0 表示从 1 开始发送，在 0 结束。

（1）帧扰码

下行帧使用帧同步扰码多项式 x^7+x^6+1 进行扰码。下行数据与扰码器的输出进行模二加计算。计算扰码多项式的移位寄存器在 PCBd 的物理同步（Psync）域后的第一个比特置为全 1，直至下行帧的最后一个比特。

（2）下行帧结构

PCBd 由多个域组成，OLT 以广播方式发送 PCBd，每个 ONU 均接收完整的 PCBd 信息，并根据其相关信息进行相应操作。GTC TC 下行流的 PCBd 如图 3-9 所示。

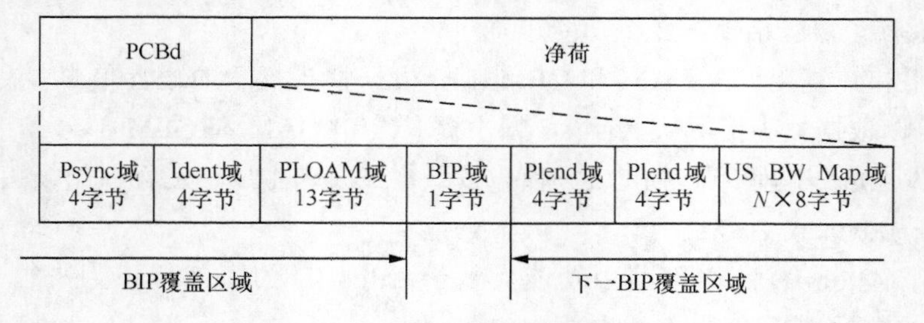

图3-9　GTC TC下行流的PCBd

① Psync 域。

Psync 域位于 PCBd 的起始位置，长度固定为 4 字节（32 位），ONU 可利用 Psync 来确定帧起始位置，实现 ONU 与 OLT 的同步。

注意：

Psync 不进行扰码处理。

GTC TC 下行 ONU 同步状态机如图 3-10 所示。ONU 开始于搜索状态，在搜索状态时，ONU 逐比特和字节搜索 Psync 域。一旦找到一个正确的 Psync，ONU 就进入预同步状态并设置计数器 N=1，接着 ONU 每隔 125ms 搜索下一个 Psync。每找到一个正确的 Psync，计数器值加 1。如果找到一个错误的 Psync，则 ONU 回到搜索状态。在预同步状态下，如果计数器的值为 M_1，则 ONU 进入同步状态。一旦进入同步状态，ONU 就可声明已经找到下行帧结构，并开始处理 PCBd 信息。如果检测到 M_2 个连续错误的 Psync，则 ONU 声明丢失了下行帧定界，返回到搜索状态。M_1 的建议值为 2，M_2 的建议值为 5。

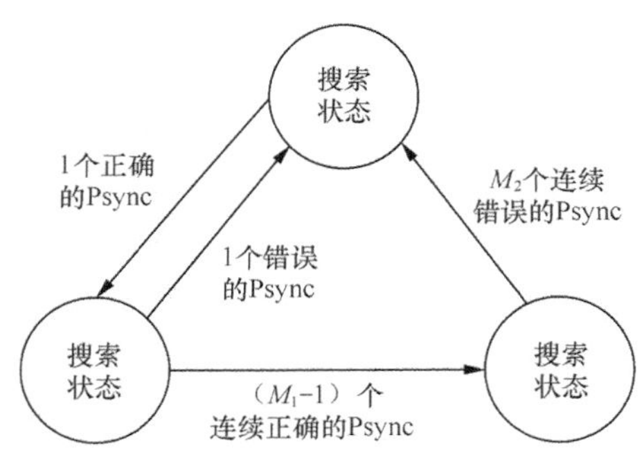

图3-10　GTC TC下行ONU同步状态机

② Ident 域。

4 字节的 Ident 域用于指示更大的帧结构。复帧计数器用于用户数据加密系统，也可用于提供较低速率的同步参考信号。Ident 域中的低 30 比特为计数器，每帧的 Ident 计数值比前一帧大 1，当计数器达到最大值后，下一帧置为零，即值为 0 时指示一个超帧的开始。Ident 域的最高位第 1 比特用于指示下行流中是否使用了 FEC，第 2 比特为预留比特，如图 3-11 所示。

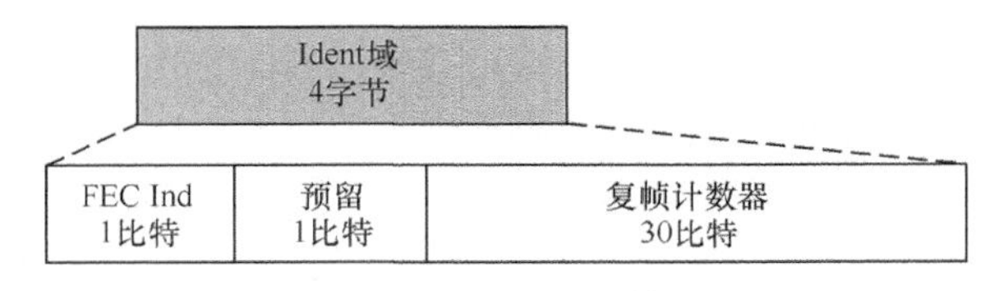

图3-11　Ident域

为了容忍差错，ONU 必须实现本地复帧计数器和复帧同步状态机。复帧同步状态机和前面描述的同步状态机相同。在搜索状态，ONU 把接收到的 Ident 域中的复帧计数器载入本地计数器。在预同步和同步状态下，ONU 比较本地值和接收到的计数器值，匹配表示同步正确，不匹配表示传输错误或者失步。

③ PLOAM 域。

PLOAM 域含 13 字节，携带下行 PLOAM 信息，如图 3-12 所示。

其中，ONU-ID 用来标记特定的 ONU，标记范围在 0 ~ 253；Message Data 用于指

示消息类型，用于传送 GTC 的 PLOAM 消息净荷。CRC 是指 CRC8 校验序列，当接收端发现 CRC 不正确时，将丢弃此消息，生成多项式（例如，APON/BPON）。

图3-12　PLOAM域

④ BIP 域。

计算从上一个 BIP 以来所有字节的比特间插奇偶校验。接收者通过计算该 BIP 并进行比较，来测量该链路上的差错数量。

⑤ Plend 域。

Plend 域指定下行带宽映射和 ATM 块的长度为 12 比特，同时用于说明上行带宽映射（US BW Map）域的长度及载荷中 ATM 信元的数目。为了防止出错，Plend 域出现两次，带宽映射长度（Blen）由 Plend 域的前 12 比特指定，这将 125s 时间周期内能够被授权分配的 ID 数目限制在 4095。Plend 域如图 3-13 所示。

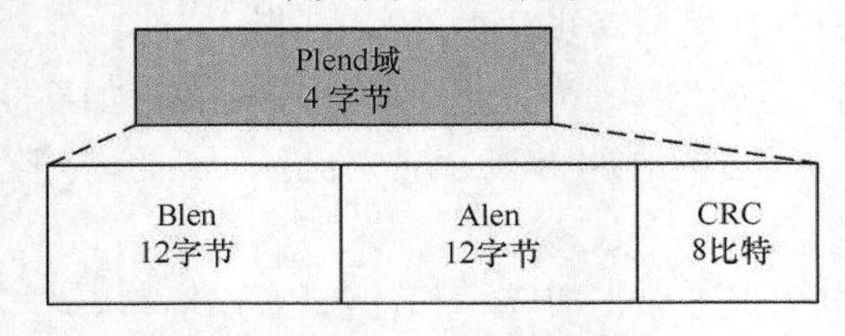

图3-13　Plend域

Plend 域的最后 8 比特由 CRC8 构成，生成多项式为 g（x）$=x^8+x^2+x+1$（ITU-T I.432.1）。与 ITU-T I.432.1 不同的是，CRC 不和 0x55 异或运算。接收端使用 CRC8 进行检错纠错，它对发送的两个 Plend 域进行解码，并根据 CRC8 检测流程的输出结果使用质量最好的 Plend 域。出于这种目的，质量等级从高到低的排序为：无差错、可纠正的单错和无法纠正的错误。当两个 Plend 域都出现无法纠正的错误，或者是值不同但具有相同的质量等级时，接收端将不处理该帧，因为可能存在无法检测的多个错误。在双传输条件下，会导致发生这种情况的最小错误数目为 4 比特。

其中，Blen 用于说明 US BW Map 域的长度；Alen 用于说明 ATM 信元的数目；CRC 用于提供校验。

⑥ US BW Map 域。

US BW Map 域是 8 字节分配结构的向量数组。数组中的每个实体代表了一个特定的 T-CONT 的带宽分配。映射中入口的数量由 Plend 域指定。GTC 带宽映射的分配结构如图 3-14 所示。

1. Plend（Payload Length downstream，下行净荷长度）。

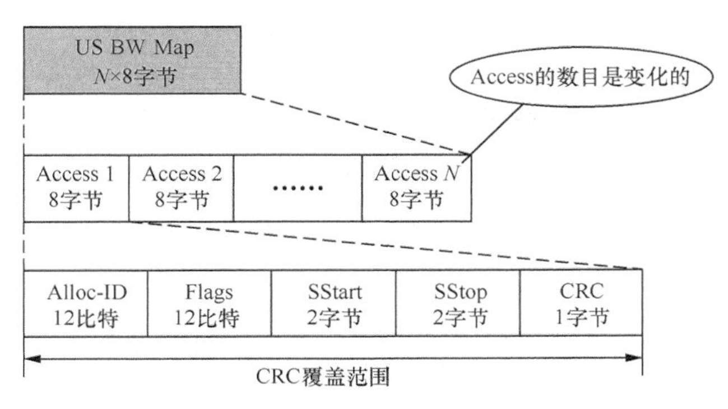

图3-14 GTC带宽映射的分配结构

要求OLT以开始时间的升序向各ONU发送指针，建议所有指针都以开始时间的升序发送。ONU应能在单一带宽映射中支持最多8个分配结构，并可选支持更多。此外，ONU的最大带宽映射大小限制应至少是256个分配结构，可选支持更大带宽映射。

其中，Alloc-ID域为12比特，用于指示PON上行流授权时间对应的特定T-CONT。这12比特没有特定的结构要求，只有一些约定。首先，最低的254个分配ID值用于直接标识ONU。在测距过程中，ONU的第一个Alloc-ID应在该范围内分配。ONU的第一个Alloc-ID是默认分配ID，这个ID值和ONU-ID（用于PLOAM消息）相同，用于承载PLOAM和OMCI流，可选用于承载用户数据流。如果ONU需要更多的Alloc-ID值，则将会从上面255个ID值中分配。Alloc-ID为254时，是指ONU激活ID，用于发现未知的ONU，Alloc-ID为255时，是指没有T-CONT能使用相关分配结构。

Flags域为12比特，包含4个独立的关于上行传输相关功能的指示，其指示含义如下。

- Bit11（MSB）：发送功率调节序列（PLSu），PLSu特性不允许使用，Bit11应总是设置为0。
- Bit10：发送PLOAMu，若设置该比特，ONU应使用该比特发送PLOAMu信息；否则，将不发送PLOAMu消息。
- Bit9：使用FEC，若设置该比特，ONU应为该Alloc-ID计算并插入FEC校验比特。注意该比特在Alloc-ID的生存期内是相同的，并仅对先前已知的数据进行带内确认。
- Bit8和Bit7：发送DBRu（模式），根据这两个比特的内容，ONU应发送分配ID对应的DBRu，或者不发送。编码含义定义如下。

  00：不发送DBRu。

  01：发送“模式0”DBRu（2字节）。

  10：发送“模式1”DBRu（3字节）。

  11：发送“模式2”DBRu（5字节）。
- Bit6～Bit0：预留。

SStart域长16比特，用于指示分配时隙的开始时间。该时间以字节为单位，在上行帧中从0开始，并且限制上行帧的大小不超过65536字节，可满足2.488Gbit/s的上行速率的要求。

开始时间只是合法数据传输的开始，并不包括物理层开销时间。这样，对于同一个ONU来说，突发分配中指针的值与其所处的位置无关。物理层开销时间包括容限要求时间（保护时间）、接收机恢复时间、信号电平恢复时间、定时恢复时间、定界时间和PLOu域时间。物理层时间值的规定见标准第2部分，根据不同的上行速率要求不同的物理层时间值。OLT和ONU的设计必须同时满足物理开销时间的要求。OLT要负责规划带宽映射以获得合适的物理层开销时间。

注意：

SStart域指示的时间必须发生在上行帧内。因此，对于所有的比特速率，SStart的最小值均为0；上行比特速率为1244.16Mbit/s时，SStart的最大值为19439。

SStop域长16比特，用于指示分配时隙的结束时间。该时间以字节为单位，从0开始，在上行帧中指出此次分配的最后一个有效数据字节。

注意：

SStop指示的时间必须发生在分配开始时间所在的上行帧内。

CRC提供整个US BW Map域的校验。

ONU根据每个帧携带的12比特Port-ID值过滤下行帧，接收属于自己的下行信息，并将其传送到GEM客户端处理进程作进一步处理。

注意：

使用Port-ID可支持多播，该Port-ID应配置为从属于PON中的多个ONU。GEM模式支持多播业务的强制方式是所有流都使用同一个Port-ID，可选方式是使用多个Port-ID。

（3）上行帧结构

GTC TC上行帧结构如图3-15所示。各种速率上行帧长都和下行帧长相同，为125μs。每帧包括一个或多个ONU的传输。带宽映射指示了这些传输的组织方式。每个分配时期，在OLT的控制下，ONU能够传送1到4种类型的PON开销和用户数据。GTC TC上行开销有如下4种类型。

图3-15　GTC TC上行帧结构

① 上行物理层开销（PLOu）。

② 上行物理层操作、维护和管理（PLOAMu）。

③ 上行功率控制序列（PLSu）。

④ 上行动态带宽报告（DBRu）。

GTC TC 上行开销如图 3-16 所示。因为任何协议单元都不包含保护时间，所以图 3-16 中没有显示保护时间，然而 OLT 产生的带宽映射必须考虑保护时间。

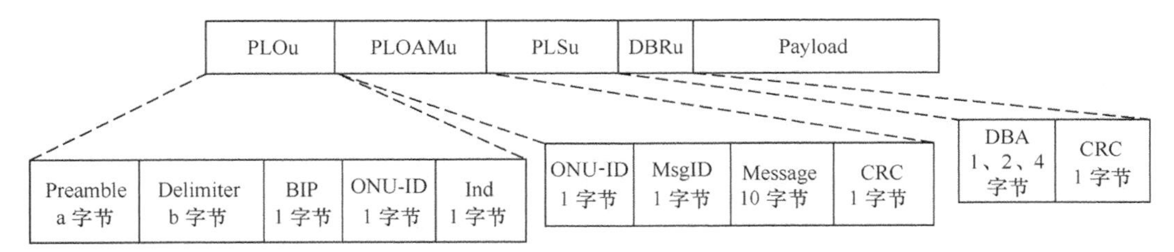

图3-16　GTC TC上行开销

① 帧扰码：上行帧使用帧同步扰码多项式 x^7+x^6+1 进行扰码。上行数据与扰码器的输出进行模二加计算。计算扰码多项式的移位寄存器在 PLOu 定界符域后的第一个比特置为全 1，直至帧传输的最后一个比特。如果 ONU 连续在多个分配时隙进行发送，则上行扰码器在任一个中间边界上都不应被重置。

② PLOu：用于突发传输同步，包含前导码、定界符、BIP、PLOAMu 指示及 FEC 指示，其长度由 OLT 在初始化 ONU 时设置，ONU 在占据上行信道后先发送 PLOu 单元，使 OLT 能够快速同步并正确接受 ONU 的数据。

GTC 层产生 PLOu。前导码和定界符由 OLT 在上行开销信息中规定。注意这些字节在 SStart 指针指示的字节前被发送。

- BIP 域。

BIP 域长 8 比特，携带的比特间插奇偶校验信息（异或）覆盖了 ONU 前一个 BIP 后的所有传输字节（不包括前一个 BIP），但不包括前导码、定界符字节和 FEC 奇偶校验字节（如果有）。在完成 FEC 后（如果支持），OLT 接收机应为每个 ONU 突发数据计算比特间插奇偶校验值，但不应覆盖 FEC 校验位（如果有），并与接收到的 BIP 值进行比较，从而测量链路上的差错数量。

- ONU-ID 域。

ONU-ID 域长 8 比特，是当前上行传输 ONU 的唯一 ONU-ID。ONU-ID 在测距过程中指配给 ONU。在指配 ONU-ID 之前，ONU 应设置该域为未分配 ONU-ID（255）。OLT 可以将该值和分配记录进行比较来确认当前发送的 ONU 是否正确。

- Ind 域。

指示域向 OLT 实时报告 ONU 状态。Ind 域的格式见表 3-2。

表3-2　Ind域的格式

比特位置	功能
7（MSB）	紧急的PLOAM等待发送（1=PLOAM等待发送，0=无PLOAM等待）
6	FEC状态（1=FEC打开，0=FEC关闭）

续表

比特位置	功能
5	RDI状态（1=错误，0=正确）
4	类型2T-CONT流等待
3	类型3T-CONT流等待
2	类型4T-CONT流等待
1	类型5T-CONT流等待
0（LSB）	预留

说明：

当 ONU 已经指示需要紧急发送的 PLOAM 正在等待时，OLT 应发送上行分配时隙，使 ONU 可以尽快发送 PLOAM 消息。在正常情况下，响应时间应小于 5ms。还需要注意的是，只要有一个或多个 PLOAM 信元等待发送，ONU 就会设置 PLOAMu 等待比特。OLT 调度算法在决定发送 PLOAMu 时隙分配时应考虑这一点。

③ PLOAMu：PLOAM upstream，用于承载上行 PLOAM 信息，包含 ONU-ID、Message 及 CRC，长度为 13 字节。其结构与下行的 PLOAMd 相同。

④ PLSu：上行功率电平测量序列，长度为 120 字节，用于调整光功率。

PLSu 域长度为 120 字节，ONU 用来进行功率控制测量。该功能通过调整 ONU 功率电平来减小 OLT 光动态范围。PLSu 域的内容由 ONU 根据自身情况在本地设置。当分配结构中 Flags 域指示进行发送时，该域进行发送。

功率控制机制在两种情况下起作用：ONU 发射机的初始化功率设置和功率模式变化。前者发生在 ONU 激活过程中，而后者发生在运行和激活过程中。

在激活过程中，OLT 可广播 PLSu 比特，使 ONU 设置发射机工作电平。如果不需要使用 PLSu 域，则 ONU 应将发射机的功率电平机制置于无效状态，这样可以减少冲突。

在运行过程中，ONU 在通常情况下必须发送 PLSu。因此，如果在运行过程中被请求，不管是否需要调整发射机，ONU 都必须发送 PLSu。

⑤ DBRu：上行动态带宽报告。它包括与 T-CONT 实体密切相关的信息，由 Flags 域指定是否传送。

- DBA 域。

DBA 域包含 T-CONT 的业务量状态，为此预留了一个 8 比特、16 比特和 32 比特的区域。该域的带宽要求编码（即等待信元 / 帧到数量的映射）在 6.5 节中描述。

注意：

为了维持定界，即使 ONU 不支持 DBA 模式也必须发送正确长度的 DBA 域。

- CRC 域。

DBRu 结构由 CRC8 保护，生成多项式为 $g(x)=x^8+x^2+x+1$（ITU-T I.432.1）。然而与

ITU-T I.432.1 不同的是，CRC 不和 0x55 进行异或运算。DBRu 域的接收机将完成 CRC8 检错和纠错功能。如果 CRC8 指示发生了无法纠正的错误，则该 DBRu 中的信息将被丢弃。

⑥ 上行净荷部分。

紧跟上行开销域的是 GTC 上行净荷，它可承载 GEM 帧或者 DBA 报告。

- GEM 上行净荷。

GEM 净荷域包含任意数量的 GEM 帧模式的帧。上行 GEM 帧如图 3-17 所示。GEM 净荷长度等于分配持续时间减去请求开销大小的时间。在操作完成前，OLT 必须维护多个 GEM 定界状态机实例和缓冲分片帧。

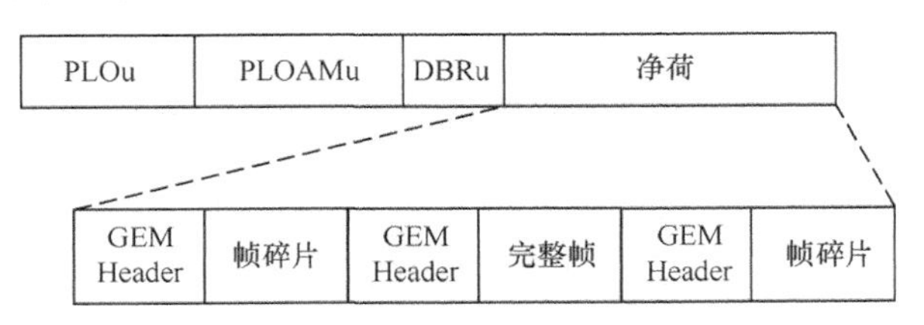

图3-17　上行GEM帧

- DBA 上行净荷。

DBA 净荷包含一组 ONU 动态带宽分配报告。上行 DBA 报告如图 3-18 所示，第一个 DBA 报告的第一个字节总是位于分配的起始位置，所有的报告都是连续的。如果分配的长度与报告的长度不匹配，ONU 可以截去报告的尾部，或者在报告尾部填充全 0 字节。需要注意的是，为了维持定界，即使 ONU 不支持 DBA 模式，也必须发送正确长度的 DBA 域。

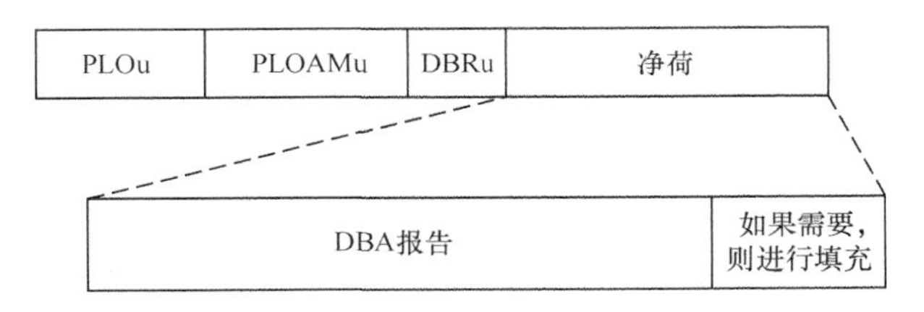

图3-18　上行DBA报告

OLT 通过带宽映射中的 Flag 域指示每个分配中是否传送 PLOAMu、PLSu 或 DBRu 信息。在设置这些信息的发送频率时，OLT 的调度器还需要考虑这些辅助通道的带宽和时延要求。

PLOu 信息的状态包含在时间分配的安排中。每当 ONU 从另一个 ONU 接管 PON 媒质时，都必须发送一个新复制的 PLOu 数据。当一个 ONU 获得两个连续的分配 ID 时，（一个分配的 SStop 比另一个分配的 SStart 少 1），ONU 不应为第二个 Alloc-ID 发送 PLOu 数据。当 OLT 授权 ONU 多个连续的 Alloc-ID 时，这种 PLOu 数据发送抑制会多次发生。注意连续分配禁止 OLT 在同一 ONU 的传输中留有间隔。分配必须严格连续，或者视为来自两个不同 ONU 的分配来安排。

用户净荷数据紧跟这些开销之后进行发送，直到 SStop 指针指示的位置才停止传输。SStop 指针应总是大于相应的 SStart 指针，最小可用的分配是 2 字节，用于只有 DBRu 的发送。此外，相邻的指针不允许跨越两个带宽映射。换句话说，每个上行帧必须以一个独立（非相邻）的传输开始。

从前面研究的 GPON 的两个协议栈中我们知道，GEM 块是 GTC 成帧子层的重要部分，GEM 块包括任意数量的 GEM 帧，超过下行帧范围的 GEM 帧可以被分片（将在后文中探讨），同时，GEM 是 GPON 区别于 APON/BPON 和 EPON 的本质特征。

5. GEM 帧结构

GEM 帧结构如图 3-19 所示。GTC 净荷可承载各种用户数据类型，主要的承载协议是 ATM 和 GEM。本书仅讨论 GEM 帧到 GTC 净荷的映射方式。

① GEM 帧结构。

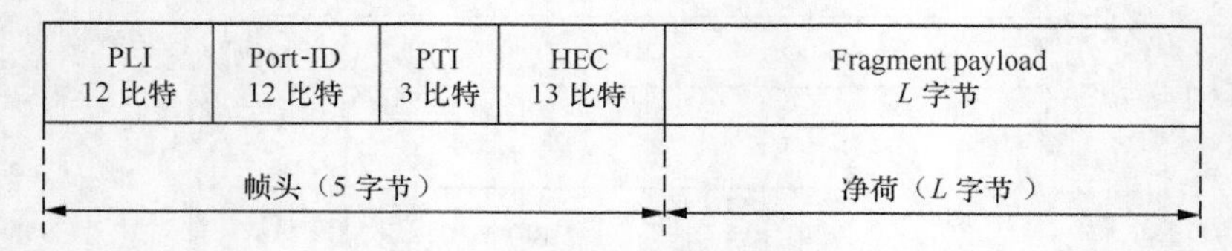

图3-19 GEM帧结构

GEM 帧由 5 字节的帧头和 L 字节的净荷组成。GEM 帧头包括 PLI（净荷长度标识）、Port-ID、PTI（净荷类型标识）和 13 比特的 HEC（头差错校验）4 个部分组成。

PLI：标识净荷的字节长度。GEM 块是连续传输的，所以 PLI 可以视为一个指针，用来标识并找到下一个 GEM 帧头。PLI 由 12 比特组成，因此，后面的净荷最大标识到 4095 字节。如果数据超过这个上限，GEM 将采用分片机制。

Port-ID：12 比特的 Port-ID 可以提供 4096 个不同的接口，以实现业务流复用。每个 Port-ID 包含一个用户传送流。在一个 Alloc-ID 或 T-CONT 中可以有一个或多个 Port-ID 传输。

PTI：用来标识净荷的内容类型和相应的处理方式。PTI 最高位标识 GEM 帧是否为 OAM 信息，次高位标识用户数据是否发生拥塞，最低位标识在分片机制中是否为帧的末尾，当为 1 的时候表示帧的末尾。PTI 编码的含义见表 3-3。

表3-3 PTI编码的含义

PTI编码	含义
0	用户数据段，不是帧尾
1	用户数据段，是帧尾
10	预留
11	预留
100	GEM OAM，不是帧尾
101	GEM OAM，是帧尾
110	预留
111	预留

对于编码值 4，GEM 重新使用了 ITU-T I.610 规定的 OAM 信元格式，它支持 48 字

节的净荷段，其格式同 ATM OAM 的定义。

HEC：13 比特，提供 GEM 帧头的检错和纠错两个功能。它是 BCH（39，12，2）码和一个奇偶校验比特的集合，生成多项式为 $x^{12}+x^{10}+x^{8}+x^{5}+x^{4}+x^{3}+1$。这样在无错误时，帧头前 39 比特（MSB 居先）被生成多项式模二除应为 0。如果使用移位寄存器来实现除法运算，则寄存器初始值为全零。单奇偶校验比特的设置应使整个帧头（40 比特）中 1 的数目为偶数。

② GEM 定界。

一旦 GEM 帧头生成，发射机就对帧头和 0x0xB6AB31E055 进行异或运算，并将结果发送出去。接收机对接收到的比特使用相同的异或运算来恢复帧头。这种方法保证一组空白帧也有足够内容进行正确的定界。

GPON 的定界过程需要位于下行 GEM 域起始位置的 GEM 帧头和每个上行 GEM 净荷来完成。在有 GEM 数据帧传输的条件下，接收机确保找到第一个头部，通过 PTI 作为指针找到接下来的头部。换言之，接收机接收到帧就转入同步状态。如果头部出现了不可纠正的错误，则定界过程将丢失与数据流的同步，接收机将转移到搜索状态，尝试重新同步。

GEM 定界状态机如图 3-20 所示。

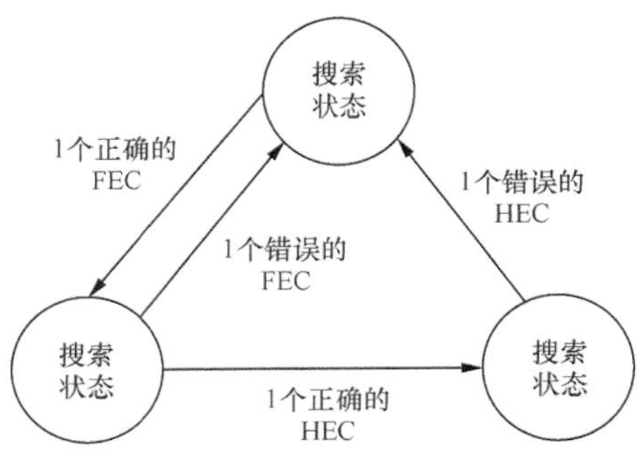

图3-20　GEM定界状态机

在搜索状态，接收机逐字节查找 GEM 帧头 HEC（因为 GTC 成帧已经提供了字节同步），找到一个正确的 HEC 则转移到预同步状态，并在前一帧头所指示的位置处查找下一个 HEC。若该 HEC 正确匹配，则转移到同步状态；若不匹配，则转移到搜索状态。

注意：

也可以选择实现多实例的预同步状态，使错误的 HEC 映射不能阻碍正确的定界。接收进程在预同步状态也可以缓存收到的数据，如果成功转到同步状态，缓存数据将被认为是有效的 GEM 帧。

需要说明的是，当没有 GEM 数据帧传送时，为了保证系统同步状态，GEM 协议还定义了空闲帧，就是在没有用户帧发送的时候将 GEM 空闲帧填充空白时间。

③ GEM 分片机制。

用户数据帧的长度是随机的，如果用户数据帧的长度超过 GEM 协议规定的净荷长度，就要采用 GEM 的分片机制，如图 3-21 所示。GEM 的分片机制是把超过长度限制的用户数据帧分割成若干分割块，并且在每个块的前面都插入一个 GEM 帧头。如前所述，PTI 的最低有效位就是用来标识这个分割块是否为用户数据帧的最后一个分割块。值得注意的是，每个 GEM 块都是连续的、不跨越帧界的传输。分片过程中要注意当前 GTC 帧净荷中的剩余时间，以便合理分片。当高优先级的用户传输结束后剩余 4 字节或更少（GEM 帧头有 5 字节），就要用空闲帧进行填充，接收机将会识别出这些空闲帧，并丢弃它们。

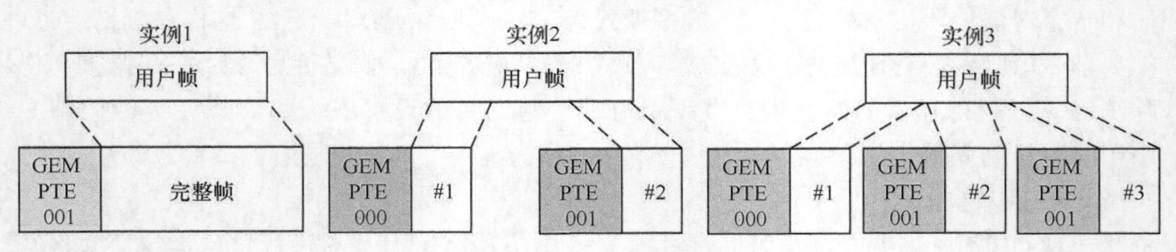

图3-21　GEM分片机制

在 GTC 系统中使用分片机制有两个目的：一是在每个分片前面都加上一个 GEM 帧头；二是对于一些时间比较敏感的信号，例如语音信号，必须以高优先级进行传输，而分片能保证这一点。它总是把语音信号放在净荷区的前部发送，GTC 帧的帧长是 125μs，所以可以为紧急业务提供足够低的时延，从而能保证语音业务的 QoS。

④ GEM 功能位置。

从帧结构的角度来讲，GEM 和其他数据封装方式相类似，但是 GEM 内嵌在 PON 中，独立于 OLT 端的 SNI 和 ONU 端的 UNI，即 GEM 在 UNI 的左边和 SNI 的右边无法识别，只能在 GPON 系统内被识别，也就是在 ONU 和 OLT 的两个 PON 接口之间才能被识别，如图 3-22 所示。

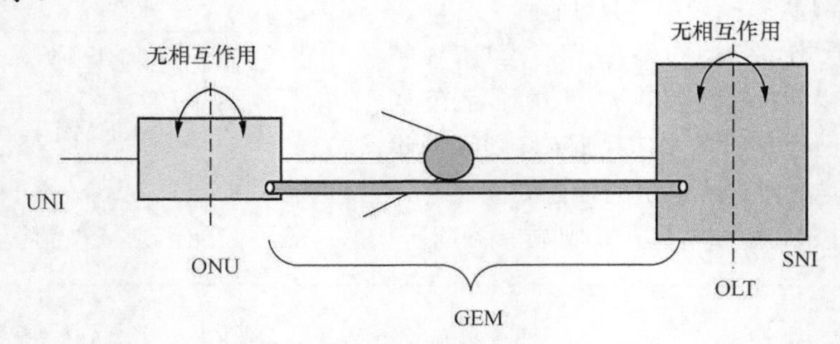

图3-22　内嵌在PON中的GEM

⑤ 用户业务到 GEM 帧的映射。

GPON 系统通过 GEM 通道传输普通用户协议数据，可支持多种业务接入。下面介绍几种常用的用户业务到 GEM 帧的映射。

a. 以太网帧到 GEM 帧的映射。

以太网帧直接封装在 GEM 帧净荷中进行承载。在进行 GEM 封装前，前导码和 SFD 字节被丢弃。每个以太网帧可能被映射到一个单独的 GEM 帧或多个 GEM 帧中，如果一个以太网帧被封装到多个 GEM 帧中，则应进行数据分片。一个 GEM 帧只应承载一个以太网帧，以太网帧到 GEM 帧的映射如图 3-23 所示。

b. IP 包到 GEM 帧的映射。

IP 包可直接封装到 GEM 帧净荷中进行承载。每个 IP 包（或 IP 包片段）应映射到一个单独的 GEM 帧或多个 GEM 帧中，如果一个 IP 包被封装到多个 GEM 帧中，则应进行数据分片。IP 包映射到 GEM 帧上如图 3-24 所示。

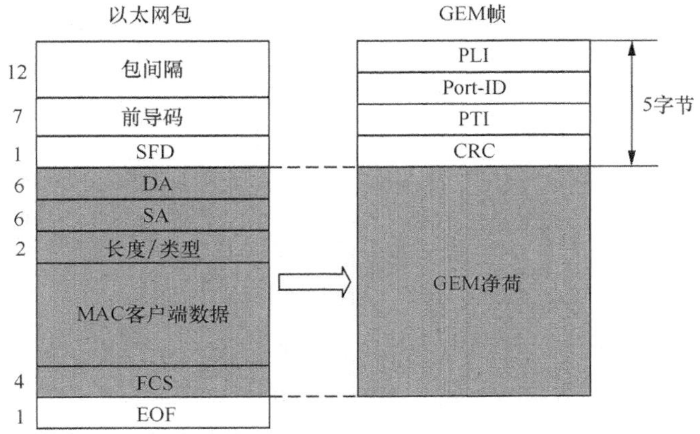

图3-23 以太网帧到GEM帧的映射

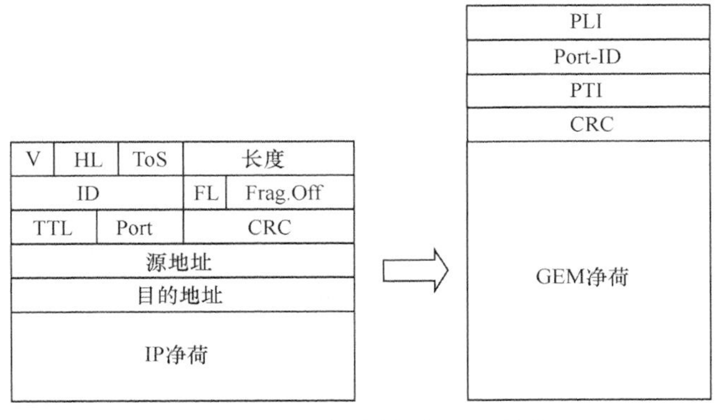

图3-24 IP包映射到GEM帧上

c. TDM 帧到 GEM 帧的映射。

GEM 承载 TDM 业务的实现方式有多种：TDM 数据可直接封装到 GEM 帧中传送，或者先封装到以太网包中再封装到 GEM 帧中传送等。TDM 帧到 GEM 帧的映射如图 3-25 所示。

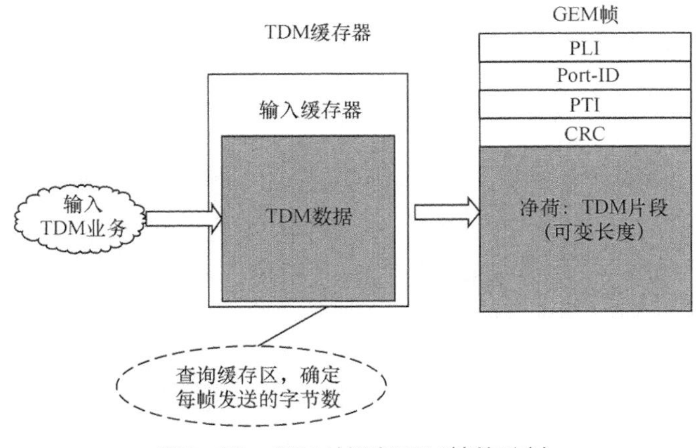

图3-25 TDM帧到GEM帧的映射

该机制是利用可变长度的GEM帧来封装TDM帧，具有相同Port-ID的TDM数据分组会汇聚到TC层上。

通过允许GEM帧长根据TDM业务的频率偏移进行变化可实现TDM业务到GEM帧的映射。TDM片段的长度由PLI字段指示。

TDM源适配进程应在输入缓存中对输入数据进行排队，每当有帧到达（即每125μs）GEM帧复用实体将记录当前GEM帧中准备发送的字节数量。一般情况下，PLI字段根据TDM标称速率指示一个固定字节数，但经常需要多传送或少传送一些字节，这种情况将在PLI域中反映出来。

如果输出频率比输入频率快，则输入缓存器开始清空，缓冲器中的数据量最终会降到低门限以下。此时将从输入缓存器中少读取一些字节，缓冲器中的数据量将上升至低门限以上。相反，如果输出频率比输入信号频率慢，则输入缓存器开始填满，缓冲器中的数据量最终会上升到高门限以上。此时将从输入缓存器中多读取一些字节，缓冲器中的数据量将降至高门限以下。

从以上3种封装例子中可以看出，GPON对多业务的支持是先天性的，也是优于EPON的。先将数据封装到GEM帧，然后再将GEM帧封装到GPON帧。其中，GEM封装从GFP演化而来，只是在GFP帧上增加了Port-ID及PTI字段而已。同时，GEM的封装大大提高了效率，高达90%以上。

6. GPON ONU注册和授权认证

ONU注册其实就是OLT开窗、ONU上线激活的过程，ONU通过注册来建立与OLT的通信。ONU授权认证就是ONU激活以后，对其进行配置，准许它与OLT有业务数据的交互。

ONU认证和授权其实就是对ONU的一套管理规则，可以实现对ONU更好的管理，实现对ONU的接入、替换和踢出，轻松地实现对用户宽带欠费、续费、ONU故障替换等应用场景。

GPON OLT使用嵌入式OAM和PLOAM通道，周期性地进行ONU的搜索。当搜索到合法的ONU时，会为其分配相应的ONU-ID，并进行测距。测距成功后，如果需要对ONU进行注册，就通过PLOAM通道进行注册。注册成功后，OLT和ONU之间建立OMCI管理通道，进行业务的配置和管理。

GPON ONU注册和授权认证过程根据ONU是否做了预配置分为两种情况。

OLT上未预配置的ONU的注册流程如图3-26所示。

各步骤说明如下。

首先，OLT向ONU发送SN（Serial Number）请求；其次，ONU响应OLT的SN请求；接着，OLT收到ONU的SN回应消息后，分配一个临时ONU-ID给该ONU；最后，ONU进入操作阶段后，OLT会向ONU发送Password请求。ONU向OLT回应Password，该Password未在OLT上配置。如果OLT的PON接口未开启自动发现功能，则OLT向ONU发送注册消息，ONU重新向OLT发送注册请求。

如果OLT的PON口开启了自动发现功能，则会向主机命令行或者网管上报ONU自动发出告警。该ONU经过确认后才会正常上线。

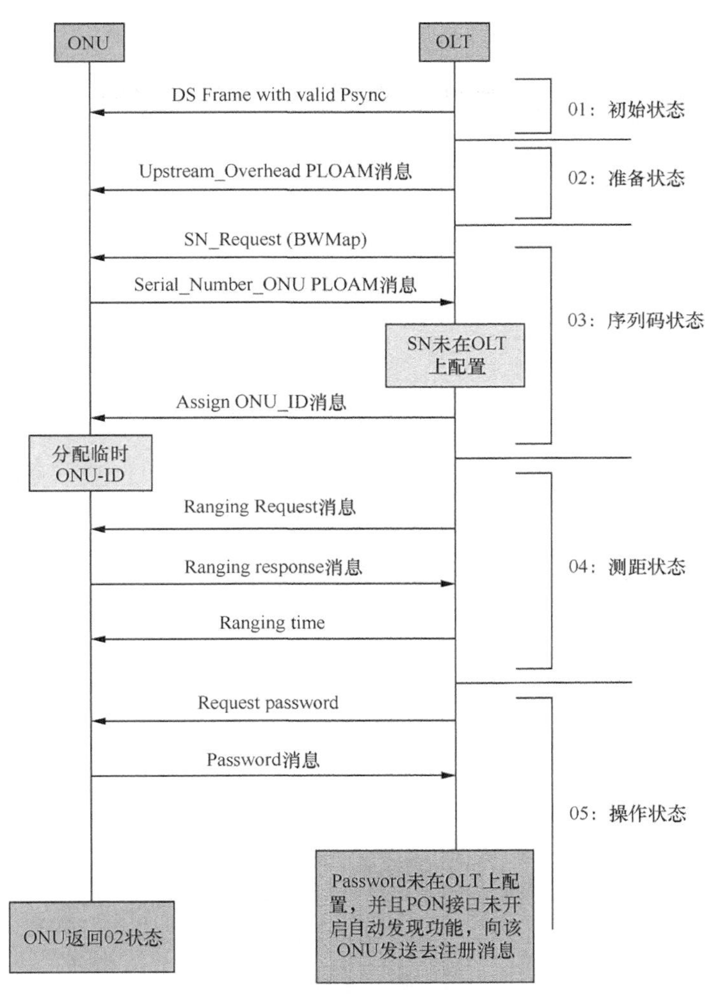

图3-26　OLT上未预配置的ONU的注册流程

对 OLT 上已经预配置 ONU 的认证方式，包括 SN、SN+Password 和 Password。

SN 认证是指 OLT 只对 ONU 的序列码进行匹配的一种认证方式。SN+Password 认证方式要同时匹配 SN 和 Password。SN/SN+Password 认证流程如图 3-27 所示。

（1）SN 和 SN+Password 认证

对于 SN 认证方式的 ONU，认证流程中无须 Password 步骤。

① OLT 收到 ONU 的序列码回应消息后，判断 OLT 上是否有相同 SN 的 ONU 在线。如果有相同 SN 的 ONU 在线，则向主机命令行和网管上报 SN 冲突告警。否则，直接给 ONU 分配指定的 ONU-ID。

② ONU 进入操作状态后。

对于 SN 认证方式的 ONU，OLT 不进行 Password 请求，直接为该 ONU 配置用于承载 OMCI 消息的 GEM Port 后让 ONU 上线，配置方法可以由 OLT 自动配置，使承载 OMCI 的 GEM Port 与 ONU-ID 相同，并向主机命令行或者网管上报 ONU 上线告警。

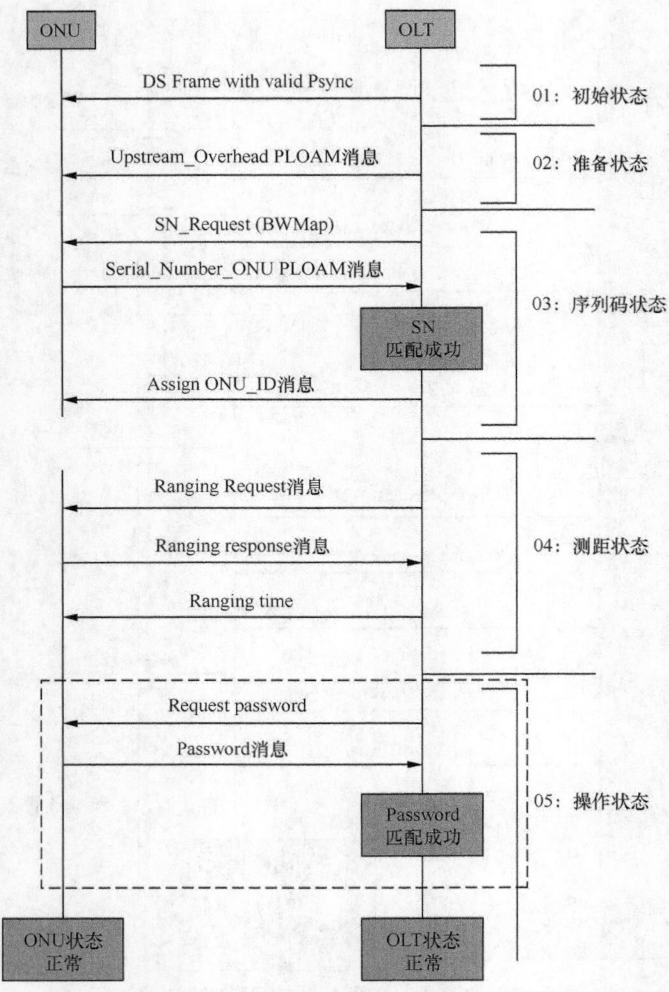

图3-27　SN/SN+Password认证流程

对于 SN+Password 认证方式的 ONU，OLT 会向 ONU 进行 Password 请求，并将 ONU 回应的 Password 与本地配置的 Password 进行比较：如果 Password 与本地配置相同，则直接为 ONU 配置用于承载 OMCI 消息的 GEM Port 后让 ONU 上线，并向主机命令行或者网管上报 ONU 上线告警；如果 Password 与本地配置不同，则向主机命令行或者网管上报 Password 错误告警。即使 PON 接口开启了 ONU 自动发现功能，也不会上报 ONU 自动发现，OLT 发送 Deactivate_ONU-ID PLOAM 消息去注册该 ONU。

（2）Password 认证

首先预添加 Password 认证方式的 ONU，然后在 PON 接口下接入该 ONU。ONU 进行 Password 认证时，如果 ONU 的 SN 或者 Password 与 OLT 上已在线 ONU 产生冲突，则将该 ONU 进行去注册处理，不会对在线 ONU 造成影响。Password 认证有 Once-on 和 Always-on 两种模式。

其中，Always-on 模式认证流程时，ONU 首次上线时 OLT 无须记录 SN。

① Once-on 模式的应用场景如下。

运营商为用户分配 Password 账号后，要求用户在规定时间上线，并且上线后就不允许再更换 ONU，如果有更换 ONU 的需求，需要通知运营商进行处理。选择 Once-on 模式时，可以设置 aging-time。设置了 aging-time 后，ONU 必须在设定的时间范围内注册上线，否则一旦 ONU 的实际注册上线时间超过了设置的时间，就不允许该 ONU 注册上线，并且一旦 ONU 认证成功后，就不允许再修改 SN。在 Once-on 模式下，ONU 首次认证是基于 Password 认证的。ONU 非首次认证时，可以根据命令行配置选择 SN 认证或者 SN+Password 认证，Password 认证流程如图 3-28 所示。

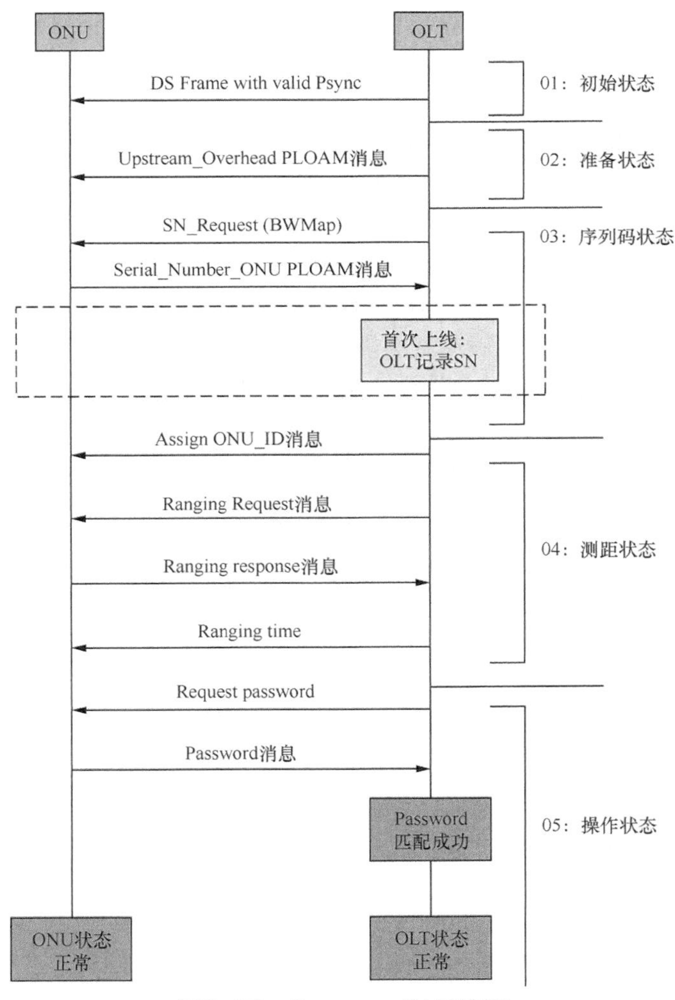

图3-28　Password认证流程

对于 Once-on 模式认证的 ONU，在 ONU 注册时间超时或者 ONU 首次注册成功前，ONU 的发现状态为 ON。也就是说，只有当 ONU 的发现状态为 ON 时，才允许 ONU 注册上线。在 ONU 注册时间超时或者首次注册成功后，OLT 会将 ONU 的发现状态设置为 OFF。对于注册时间超时的 ONU，不允许该 ONU 注册上线，需要在局端清除掉该 ONU 的注册时间超时标志后才能上线。对于首次注册成功后的ONU，允许该ONU再次注册上线。

② Always-on模式的应用场景如下。

运营商为用户分配Password后，用户可以更换使用相同Password不同SN的ONU，在更换ONU后不需要通知运营商。在Always-on模式下，对用户接入上线时间无限制，即无论什么时候接入ONU，只要ONU的Password正确，则都可以上线。

ONU首次上线时使用Password认证，认证上线成功后，OLT根据用户的SN和Password，生成SN+Password绑定表项，认证过程如图3-28所示。ONU非首次上线时，如果ONU的SN和Password与首次上线成功ONU的SN以及Password相同，则使用SN+Password认证。如果用户使用相同Password和不同SN的ONU，则根据Password进行认证，认证上线成功后，更新SN+Password绑定表项。

③ 自动注册和建流。

OLT支持在PON接口预配置建流策略，当符合条件的ONU上线后，按照预定的策略自动注册及创建业务流。通过此功能可以简化配置过程，提高安装部署的效率。预配置建流策略中配置了ONU设备类型ID，ONU对OLT发起注册时，会进行设备ID匹配及厂商识别，符合条件后，才能完成自动注册。

自动创建的业务流，后续的管理维护和普通创建的业务流一致。只在PON模板模式下支持自动注册和自动建流，在离散模式下不支持。自动建流流程包括未手动添加ONU场景和手动添加ONU场景。自动建流流程（未手动添加ONU场景）如图3-29所示，自动建流流程（手动添加ONU场景）如图3-30所示。

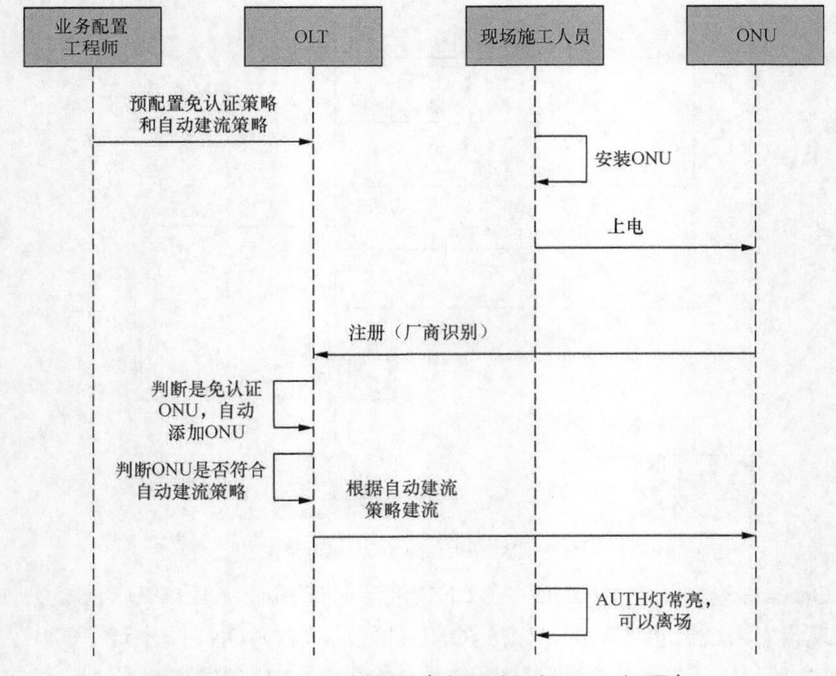

图3-29 自动建流流程（未手动添加ONU场景）

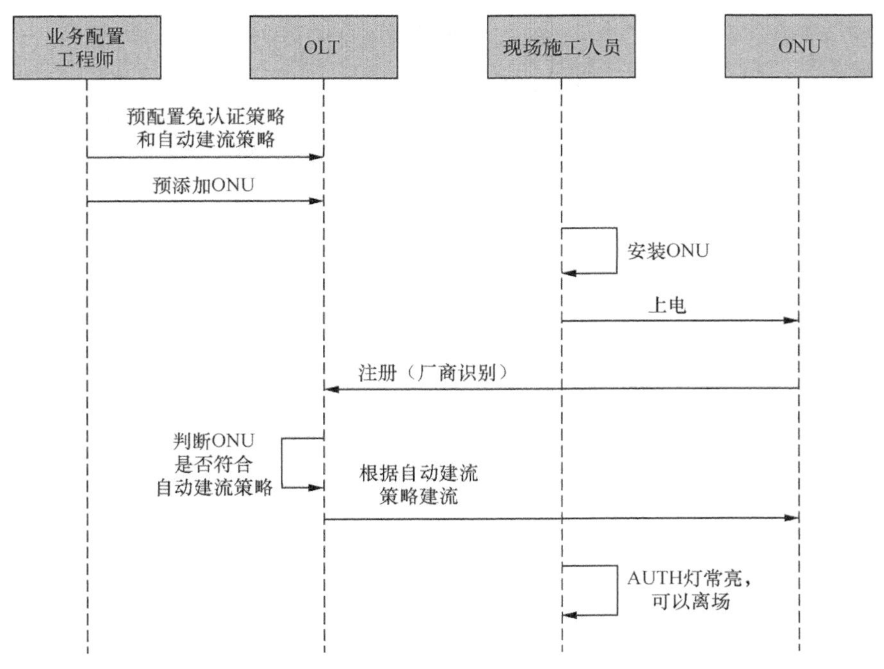

图3-30　自动建流流程（手动添加ONU场景）

3.3 GPON关键技术

GPON系统覆盖物理距离可达20km，逻辑距离可达60km，各ONU距离OLT的距离不尽相同。上行数据采用TDMA方式接入，不同的ONU发送的数据是如何被封装到同一数据帧中的？ONU上行数据的产生具有突发性，如何解决这一突发数据的同步问题？其实这些都是设计GPON的关键技术问题，下面将一一进行介绍。

3.3.1　测距与时延补偿技术

测距与时延补偿是GPON系统要解决的关键问题之一。GPON系统上行数据流采用TDMA方式接入，不同的ONU到OLT的光纤传输时延不尽相同，而且数字设备和光纤线路的实际时延也会因环境温度和器件的老化而不断变化。因此，为了避免不同ONU所发出的上行突发信号在光纤汇合处发生冲突，系统必须要对OLT到ONU之间的环路传输距离（即传输时延）进行精确的测定，从而动态控制ONU发送数据的时刻，这个过程就称为测距。

ITU-T G.984.3标准中规定了测距与时延补偿的基本原理。首先，OLT要对注册的ONU进行测距。OLT向ONU发出测距指令，ONU收到指令后立即发回响应的测距脉冲。从OLT发出测距指令到收到响应测距应答信号之间的时间差就是OLT与该ONU间的光纤往返传输时延。

PON系统测距的目的是补偿因为ONU与OLT之间的距离不等或其他原因引起的传输时延差异。在系统运行过程中，OLT要对各个ONU进行时延补偿，把所有的 ONU 放置在一个虚拟的距离上，使所有 ONU 看起来与 OLT 的逻辑距离相同。OLT 选取离自己最远的 ONU 时延作为基准，计算出每个 ONU 的时延补偿值，并通知 ONU。该 ONU 在接收到 OLT 允许它发送信息的授权指令后，计算出时延补偿值，再发送自己的信息。于是，每个 ONU 采用不同的时延补偿值来调整自己向 OLT 发送信息的时间，使所有 ONU 到达 OLT 的时间都相同，从而使各个 ONU 达到同步的目的。

对于 OLT 而言，各个不同的 ONU 到 OLT 的逻辑距离不相等，OLT 与 ONU 的 RTD 会随着时间和环境的变化而变化。因此，在 ONU 以 TDMA 方式（也就是在同一时刻，OLT 一个 PON 接口下的所有 ONU 中只有一个 ONU 在发送数据）发送上行信号时，可能会出现碰撞冲突。无测距的信号传输如图 3-31 所示。

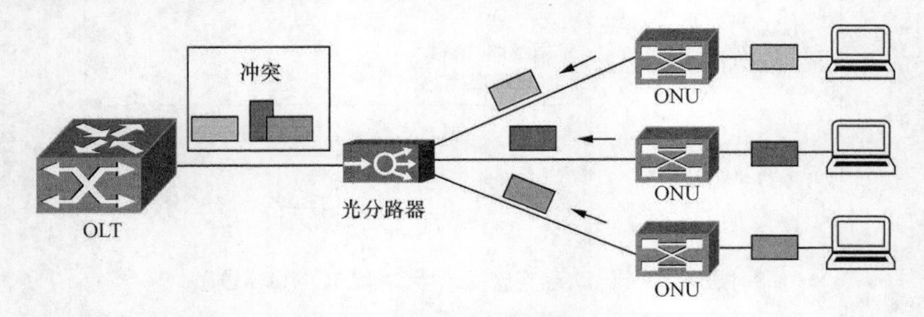

图3-31　无测距的信号传输

为了避免这种碰撞冲突，通常在 ONU 第一次注册时会启动测距功能。通过测量每个 ONU 和 OLT 之间的环路时延，并插入相应的均衡时延参数 T_d 值，使所有 ONU 到 OLT 的逻辑距离相等，从而避免上行信号发生碰撞冲突。有测距的信号传输如图 3-32 所示。

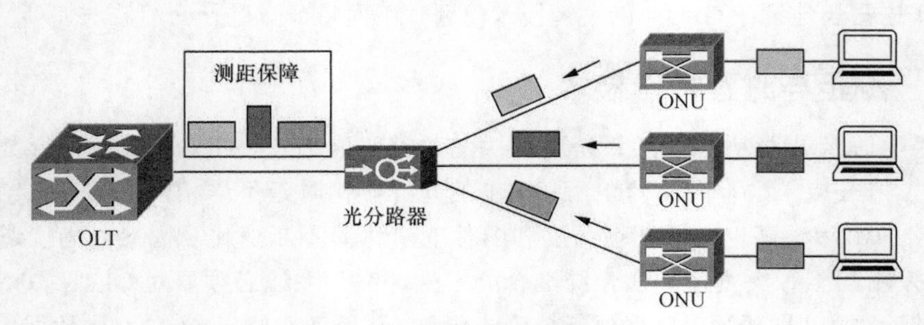

图3-32　有测距的信号传输

3.3.2　突发同步技术

上行信号的突发发射和同步接收是 GPON 必须解决的关键技术之一，主要是由于 GPON 点到多点的拓扑结构决定的。在 GPON 系统中进行双向通信时，下行信元由 OLT 发送，经光分路器透明地广播至所有 ONU，由于下行信号以连续方式工作，所以可以实现同步。然而上行信道为所有 ONU 共享，考虑到光功率的预算，要求每个ONU只有在被分配的信道上打开激光器时发送信元，否则关闭激光器，即此时激光器的工作被彻底关断。因此，ONU的光发射机必须支持突发发射功能。测距保证不同ONU发送的信元在OLT端互不冲突，但测距精度是有限的，一般为正负1比特，不同ONU发送的信元之间会有几比特的防护时间。ONU突发发射示意如图3-33所示。

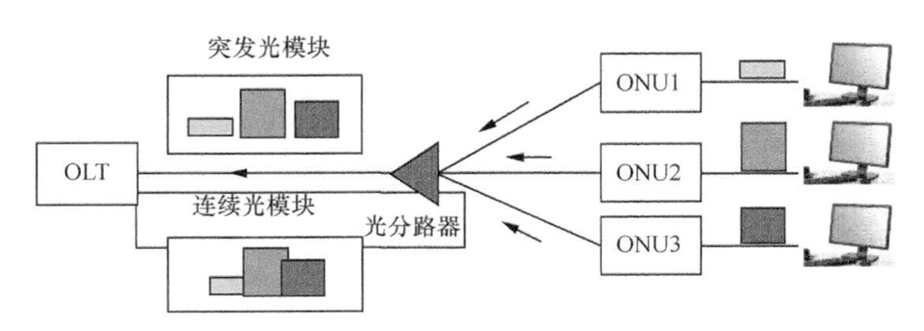

图3-33 ONU突发发射示意

另外，由于OLT接收的突发信号来自不同的ONU，受时延、环境等多种因素的影响，每个ONU的信元都以未知的光功率和相位到达，因此，要求OLT的光接收机必须能在很短的时间（几比特）内对突发信号实现相位同步，即OLT侧的光模块必须支持突发接收功能，保证完整接收数据。

3.3.3 动态带宽分配协议

动态带宽分配（DBA）技术是指GPON系统中OLT根据ONU的上行突发业务量需求，动态地调整分配上行带宽给ONU，在满足ONU上行带宽需求的同时，也提高了PON系统带宽的利用率。DBA原理示意如图3-34所示。

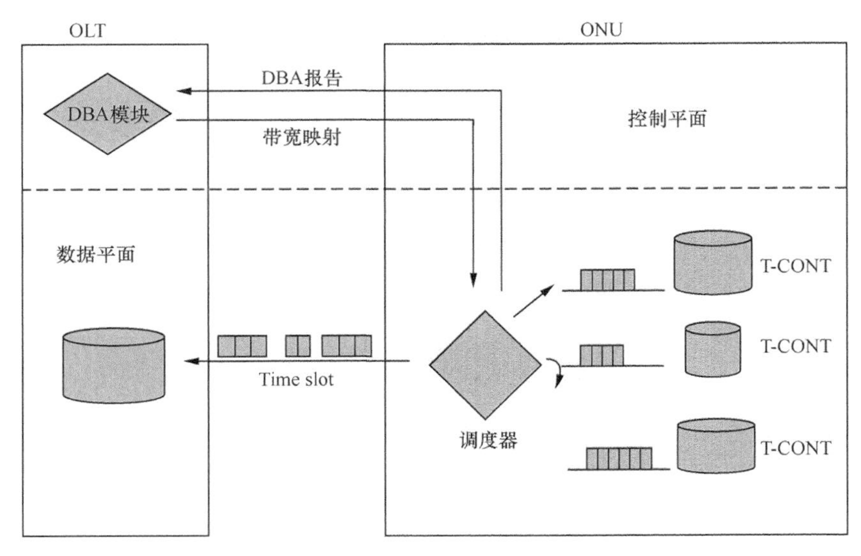

图3-34 DBA原理示意

DBA原理实现的具体过程如下。

① OLT 内部 DBA 模块不断收集 DBA 报告信息，通过 DBA 算法进行计算。

② OLT 将计算结果以带宽映射的形式下发给各 ONU。

③ 各 ONU 根据带宽映射信息在允许的时隙内发送上行突发数据，占用上行带宽。

1. 实现原理

GTC 系统根据 T-CONT 管理业务流，每个 T-CONT 由 Alloc-ID 标识。OLT 监控每个 T-CONT 的流量负载，并调整带宽分配来更好地分配 PON 带宽资源。PON 带宽资源的分配分为动态或静态两种方式，在动态资源分配方式中，OLT 通过检查来自 ONU 的 DBA 报告或通过输入业务流的自监测来了解拥塞情况，然后分配足够的资源。在静态资源分配方式中，OLT 根据配置信息为业务流预留固定带宽。

动态带宽分配采用集中控制方式：所有的 ONU 的上行信息发送都要向 OLT 申请带宽，OLT 根据 ONU 的请求按照一定的算法给予带宽（时隙）占用授权，ONU 根据分配的时隙发送信息。其分配准许算法的基本思想是：各 ONU 利用上行可分割时隙反映信元到达的时间分布并请求带宽，OLT 根据各 ONU 的请求公平合理地分配带宽，并同时考虑处理超载、信道误码、信元丢失等情况的处理。

在 GPON 中，T-CONT 是上行带宽分配的最小调度实体。数据带宽的授权和一个 T-CONT 相关联。不管一个 T-CONT 上有多少个缓存队列，OLT 的 DBA 算法把 T-CONT 看作是仅有一个逻辑缓存的流量容器。DBA 根据各个 T-CONT 的逻辑缓存的占用情况，为其分配一定的上行带宽，通过下行帧的带宽映射字段发送给 ONU。ONU 收到该带宽信息后，负责将带宽具体分配给 T-CONT 上的各个队列。

GPON 的 DBA 实现以下功能。

获取 T-CONT 逻辑缓存的占用情况。根据该 T-CONT 的缓存占用情况和配置的带宽参数，计算出当前为 T-CONT 分配的上行带宽值。根据计算出来的上行带宽值，构建下行帧的带宽映射字段，并存放到带宽映射表中。在各个下行帧中，依次发送带宽映射表中的内容，实现上行流量的动态管理。OLT 通过管理通道设置 ONU 的 T-CONT 上的队列调度策略。OLT 通过两种方法获取 T-CONT 逻辑缓存的占用情况；OLT 对一个 T-CONT 的上行流量进行持续的检测，根据流量的波动情况，推测出该 T-CONT 逻辑缓存的当前占用情况，从而为其分配相应的带宽。使用该方法的 DBA，称为 NSR-DBA；OLT 可以要求 ONU 上报其各个 T-CONT 的逻辑缓存的当前占用情况，从而为其分配相应的带宽。使用该方法的 DBA 称为 SR-DBA。

2. 支持带宽类型

GPON DBA 支持以下 5 种带宽类型。

（1）固定带宽

在 T-CONT 被激活之后，OLT 就为其分配该带宽，不管 T-CONT 的缓存占用情况和实际上行流量负载。

（2）保证带宽

当 T-CONT 有带宽需求时，必须分配该带宽。如果 T-CONT 的带宽需求小于配置的保证带宽，则多出来的配置带宽可以被其他的T-CONT使用。

（3）非保证带宽

当T-CONT有带宽需求时，也不一定分配该带宽。只有在所有的固定带宽和保证带宽都被分配完之后，才会进行非保证带宽的分配。

（4）尽力而为带宽

这是优先级最低的带宽类型。在固定带宽、保证带宽和非保证带宽都被分配完之后，如果带宽还有剩余，则会进行尽力分配带宽。

（5）最大带宽

不管该T-CONT上的实际上行流量有多大，分配的带宽值都不能大于最大带宽。

3.4 QoS保障

QoS是指网络通信过程中，允许用户业务在丢包率、时延、抖动和带宽等方面获得可预期的服务水平。工程实践中并不存在理想的数字信道，数字信号在各种媒体的传输过程中会产生误码和抖动，而抖动的最终效果也反映在系统的误码上，从而导致线路的传输质量下降。GPON系统采用FEC即前向纠错编码技术来提高线路的传输质量。

GPON系统的3个业务承载层（GTC、GEM、ETH/TDM）具备相应的QoS处理机制。

① GTC：DBA的算法是GTC的QoS处理性能的关键。

② GEM：主要是针对每个GEM Port进行业务流分类，类似于DSLAM的单PVC多业务的处理方式。针对流分类后的业务分别进行优先级修改、流量监管和转发处理。

③ ETH/TDM：TDM业务（非电路仿真方式）为面向连接，系统可以通过静态配置带宽严格保证面向连接的QoS。ETH业务（包括电路仿真方式的TDM业务）主要是基于二层VLAN、COS等标识进行业务的QoS处理，QoS主要处理机制分为流分类、监管、队列调度、拥塞处理和整形。它们的实现复杂度是影响QoS处理性能的关键。

PON系统架构的下行方向为广播方式，上行方向为TDMA方式，所以在GTC层上只对上行方向的业务流提供QoS处理。QoS的最小控制单元是T-CONT，T-CONT可以看作是上行业务流的承载容器，所有的GEM Port必须映射到T-CONT汇聚后才能向上传送。

一个T-CONT对应一种带宽业务流，这种业务流有自己的QoS特征，QoS的特征主要体现在带宽保证上。T-CONT之间的调度机制是SBA或DBA，它们的主要实现原理是检测所有ONU对T-CONT的带宽申请状态，根据T-CONT的带宽和优先级完成T-CONT的带宽授权，实现整个GPON系统上行业务流的带宽分配。

OLT侧的GEM层QoS主要是完成基于GEM Port的业务流分类、业务流的带宽控制、优先级调度等处理，ONU侧主要是完成用户业务流到GEM Port的映射和GEM Port到T-CONT的映射。

3.5 EPON与GPON技术对比

EPON 与 GPON 技术对比见 3-4。

表3-4　EPON与GPON技术对比

对比项	EPON	GPON
线路速率（下行）	1.25Gbit/s	2.5Gbit/s
线路速率（上行）	1.25Gbit/s	1.25Gbit/s
线路编码	8B/10B	NRZ
带宽效率	72%	92%
传输距离（逻辑/差分）	60/20km	60/20km
最大分光比	1：64	1：128
业务封装模式	Ethernet	GEM（Ethernet、TDM等全业务）
光模块等级	Px10/Px20	Class A/B/C
测距	RTT	EqD逻辑等距
OAM功能	Ethernet OAM（较弱，厂商扩展）	ITU-T G.984 OMCI（强）
线路速率（下行）	1.25Gbit/s	2.5Gbit/s

（1）技术标准来源不同

GPON 技术由 FSAN/ITU 制定的 GPON 标准，EPON 技术是由 IEEE802.3ah 工作组制定的 EPON 标准。

（2）支持传输带宽不同

GPON 支持多种速率等级，下行提供 2.5Gbit/s 的带宽，支持上下行非对称传输速率；EPON 提供上下行均是 1.25Gbit/s 的带宽。

（3）数据编码方式不同

在传输效率上，GPON 具有优势。GPON 采用 NRZ 的线路编码方式，而 EPON 采用 8B/10B 编码。以二者上行速率为 1.25Gbit/s 计算比较，EPON 的上行线路速率是 1.25Gbit/s，每 10 比特中有 8 比特有效数据，所以其有效上行传输总带宽为 1Gbit/s，即 1000Mbit/s。EPON 上行总开销为上述开销之和，约为 144Mbit/s，可用带宽约为 856Mbit/s。

GPON 上行线路速率为 1.244Gbit/s 的 GPON，上行总带宽为 1.244Gbit/s，即 1244Mbit/s。GPON 上行总开销为上述开销之和，约为 133Mbit/s，可用带宽约为 1111Mbit/s。

在完全承载 TDM 业务时，GPON 的效率比 EPON 高了大约 25%；在完全承载以太网业务的时候，GPON 的效率比 EPON 高了大约 20%；在承载混合业务时，二者的效率之差在 20% ～ 25%。

（4）多业务支持能力强

EPON 和 GPON 技术都十分注重对多业务的支持能力，支持 TDM、IP、CATV 等综合业务，上联业务接口及下联用户接口更丰富，支持10GE、GE、FE、STM-1、E1、POTS等多种接口，可以提供FTTH、FTTC、FTTO、FTTB+LAN、FTTH+DSLAM等多种接入方式。

（5）定时同步

GPON采用物理层同步技术，支持传统的TDM业务，在传递时钟精度、漂移等均比EPON指标高，更适合用于高品质的TDM业务接入领域。GPON具有“源模式TDM”支持能力，能够支持传统TDM、E1业务，同时能够提供时钟同步及电信级QoS保证。而EPON的TDM支持采用电路仿真实现，其QoS及时钟同步方面不如GPON。

（6）支持基站回传

FTTx并不仅限于固网宽带用户的需求，还可以为无线接入提供连接通道。GPON在时钟同步方面具有EPON无法比拟的天然优势，可以更有效地促进无线业务的承载。采用GPON IP回程技术与原有的租用SDH/MSTP专线技术相比，不仅可以为基站提供IP和TDM业务的回程，极大地降低基站回传成本，还可以更好地做到移动网与城域网、核心网融合，更好地支持全业务运营，这也是移动运营商力推GPON的重要原因。

（7）OAM功能

在OAM方面，EPON标准中定义了远端故障指示、远端环回控制和链路监视等基本的OAM功能，对于其他高级的OAM功能，则定义了丰富的厂商扩展机制，让厂商在具体的设备实现中自主增强各种OAM功能。

ITU-T G.984.4对GPON的OAM功能做了完善的规范。GPON在物理层定义了PLOAM，高层定义了OMCI，在多个层面进行OAM管理：PLOAM用于实现数据加密、状态检测、误码监视等功能；OMCI信道协议用来管理高层定义的业务，包括ONU的功能参数集、T-CONT业务种类与数量、QoS参数，请求配置信息和性能统计，自动通知系统的运行事件，实现OLT对ONU的配置、故障诊断、性能和安全的管理。

（8）建网成本和单用户接入成本

从建网成本方面来看，由于EPON的技术门槛较低，所以其设备价格偏低。GPON的光模块等技术含量高，造价较高。从两种技术所携带用户的能力方面考虑，在同样的PON接口数量配置下，GPON系统携带用户能力是EPON系统的2倍以上，因此，分担到每个用户的接入成本也有所不同。

第4章 新一代 PON 技术

【项目引入】

随着 IPTV、在线教育、4K 视频、虚拟现实等业务的蓬勃发展，人们对接入带宽的需求持续增长，原有的百兆级接入带宽已经无法很好地满足用户的业务接入需求，原有的 EPON/GPON 系统承载多用户接入的能力明显不足，10Gbit/s PON 逐渐成为主流的新一代 PON 技术。国内外各大运营商正在加快对原有 EPON/GPON 系统进行升级改造，部署 10Gbit/s PON，光纤宽带正式迈入千兆时代。

【学习目标】

- 了解 EPON 与 GPON 技术的演进。
- 识记 xPON 技术参数对比。
- 掌握 xPON、10Gbit/s PON 的波长分配。

4.1 EPON 与 GPON 技术的演进

PON 技术始于 20 世纪 90 年代，在经历了多年的发展后，2009 年 IEEE 发布了 10Gbit/s EPON 标准 IEEE802.3av，最大化地延续了 EPON IEEE802.3ah 中的内容，奠定了未来网络高速发展的基础。

10Gbit/s EPON 按照速率分为非对称模式（下行速率为 10Gbit/s，上行速率为 1Gbit/s）和对称模式（下行速率为 10Gbit/s，上行速率为 10Gbit/s）。10Gbit/s EPON 最大的特点是扩大了 EPON 的上 / 下行带宽，支持的最大分光比为 1∶256，提升了光纤的传输距离：在 1∶256 的分光比下，传输距离可以达到 20km，在 1∶128 的分光比下，传输距离可以达到 30km。10Gbit/s EPON 使用的 RS（Reed-Solomon）编码参数与 EPON 不同，因为前者的纠错能力已经升级到 16 字节。

10Gbit/s EPON 基本沿用了 EPON 系统的 MPCP，在 ODN 共享需求的基础上平稳发展。当 EPON 和 10Gbit/s EPON 共同构建时，波分复用技术被应用于 10Gbit/s EPON，在不同的光波长上过滤 EPON 和 10Gbit/s EPON 光信号。

从 2008 年开始，ITU 逐渐完成下一代 GPON 技术的标准化，定义了 XG-PON1 和 XG-PON2。XG-PON1 是非对称的（下行速率是 10Gbit/s，上行速率是 2.5Gbit/s），XG-PON2 是对称的（上 / 下行速率都是 10Gbit/s）。XG-PON 从根本上说是 GPON 的高级版本，在高速、大分流比、网络演进等方面性能增强，可以服务更多的用户，为用户提供更大的带宽，10Gbit/s GPON 提供的宽带接入能力是 GPON 的 4 倍、是 EPON 的 10 倍，所以能够满足用户未来对大带宽的需求。10Gbit/s GPON 沿用了 GPON 的管理控制协议，能够提供非常完善的 10Gbit/s GPON 互通能力。10Gbit/s GPON 最大能够完成 1∶512 的分光比下 20km 的传输距离，从而拥有更大的分光比和更远的传输距离，既适用于人口密集的城市，也适用于偏远地区，大幅提高了接入网的覆盖范围。

4.2 xPON、10Gbit/s PON 的波长分配

xPON、10Gbit/s PON 的波长分配情况如图 4-1 所示。

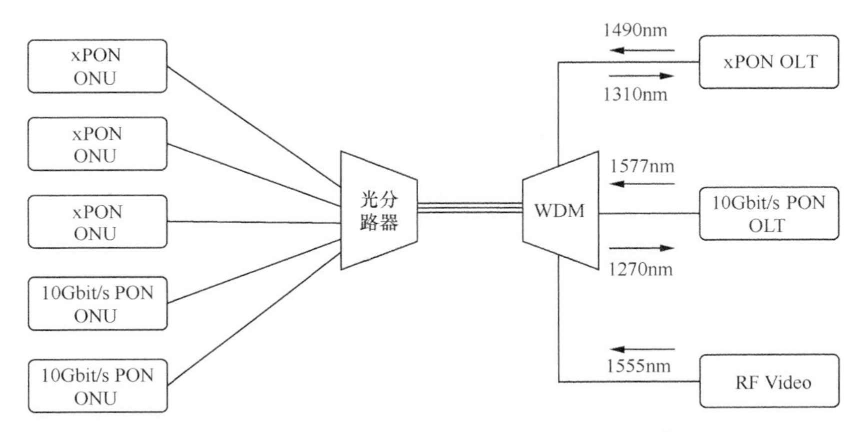

图4-1　xPON、10Gbit/s PON的波长分配情况

4.3 xPON 技术参数对比

EPON 系统的上行数据传输速率为 1.25Gbit/s，中心波长配置为 1310nm，范围 ±50nm；下行传输速率为 1.25Gbit/s，中心波长为 1490nm，范围 ±10nm。10Gbit/s EPON 系统中，在上 / 下行对称速率（10Gbit/s、10Gbit/s）的情况下，上行数据传输的中心波长配置为 1270nm，范围 ±10nm；在上 / 下行非对称速率（10Gbit/s、1.25Gbit/s）的情况下，上行数据传输的中心波长为 1310nm。两种情况下的下行波长范围均在 1570 ～ 1575nm，中心波长为 1577nm。

GPON 系统的上行数据传输速率可以支持 1.25Gbit/s、2.5Gbit/s，中心波长配置为 1310nm，范围 ±20nm，较 EPON 系统范围小；下行速率固定为 2.5Gbit/s，采用 1490nm 作为中心波长，范围 ±10nm。10Gbit/s GPON（XG-PON1、XG-PON2）系统中，上行数据传输的中心波长配置为 1270nm，范围 ±10nm；下行波长范围为 1570 ～ 1575nm，中心波长为 1577nm。

对比分析 EPON、GPON、10Gbit/s EPON、10Gbit/s GPON 技术，xPON 技术参数对比见表 4-1。

表4-1 xPON技术参数对比

类型	EPON	GPON	10Gbit/s EPON	10Gbit/s GPON
标准	IEEE802.3ah	ITUT-G.984	IEEE802.3av	ITUT-G.987
线路速率（下行）	1.25Gbit/s	2.5Gbit/s	10Gbit/s	10Gbit/s
线路速率（上行）	1.25Gbit/s	1.25/2.5Gbit/s	1.25/10Gbit/s	2.5Gbit/s
线路编码	8B/10B	NRZ	64B/66B	NRZ
传输距离（逻辑/差分）	60/20km	60/20km	60/40km	60/40km
分光比（理论值）	1∶64	1∶128	1∶256	1∶256
业务封装模式	Ethernet	GEM	Ethernet	GEM
中心波长（上行）	1310nm	1310nm	1310nm（非对称）/ 1270nm（对称）	1270nm
中心波长（下行）	1490nm	1490nm	1577nm	1577nm
ODN兼容性	兼容	兼容	兼容	兼容
成本比较（定性）	较低	较低	较高	高
产品成熟度（定性）	成熟	成熟	成熟	成熟

当前，应用于 FTTH 的 PON 技术主要为 EPON 技术和 GPON 技术，10Gbit/s PON 技术主要应用于政企客户的 FTTB 场景，这是因为 10Gbit/s PON 的 ONU 价格是普通 ONU 的 5 倍，可为高品质客户提供更强的接入能力。

延展阅读

技术进步的动力来自应用需求。没有长盛不衰的技术，弃旧迎新、与时俱进、拥抱未来才是王道！

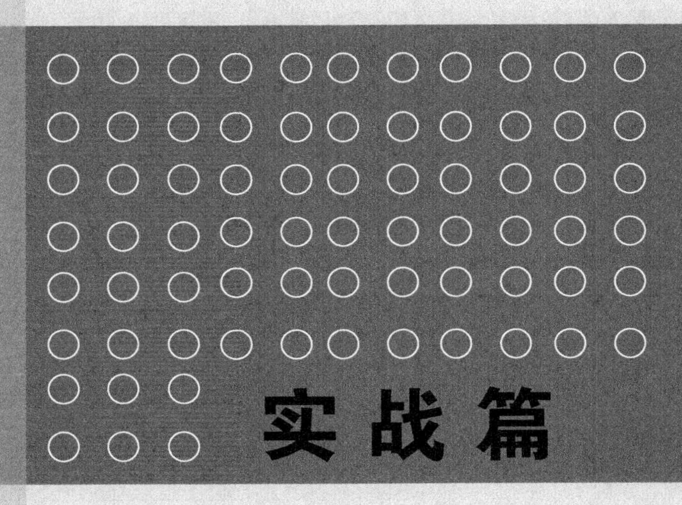

实战篇

第5章 解密PON设备

【项目引入】

在学习了EPON和GPON两种主流PON技术的相关理论知识后，相信大家对PON技术有了全面的了解，能领略到PON技术的优势。随着理论部分学习的结束，我们即将进入对PON设备的实操环节的学习。作为过渡章，本章主要介绍PON设备的硬件形态、板卡分类、核心功能及相关参数等，为后续学习网络配置和业务开通做好铺垫。本章以实训设备为对象，通过理论与实践相结合的学习形式，希望带领同学们深刻感悟技术带来的进步，进而激发学生热爱钻研的学习精神。

【学习目标】

- 了解主流设备厂家的EPON、GPON系统常规设备的参数。
- 理解OLT的硬件结构、软件结构及其主要功能。
- 掌握OLT的单板类型与作用，以及光分路器的工作原理。

5.1 解密OLT

本节以ZXA10 C220、ZXA10 C300为例，介绍实验室典型OLT的物理结构和槽位分布。

5.1.1 ZXA10 C220

1. 概述

ZXA10 C220位于接入网的中心机房，是一个全业务光接入平台，支持视频业务、数据业务、语音业务和TDM业务，还支持第三波长承载CATV业务，可以通过灵活的组网技术，实现中等以上容量的用户接入。ZXA10 C220由主控板、用户板、上联板、背板及软件系统组成，具有大容量的可控组播能力及较高的服务质量控制能力。

2. 硬件结构

ZXA10 C220采用19英寸（约48.26厘米）6U标准机框，竖插板方式，共10个PON板插槽。ZXA10 C220采用全GE总线大容量背板，整个背板数据总线带宽为800Gbit/s，TDM总线带宽为59.712Gbit/s，系统内部无阻塞交换。

机框最多可插10块EPON板，提供40个EPON接口。背板槽位分布如图5-1所示。

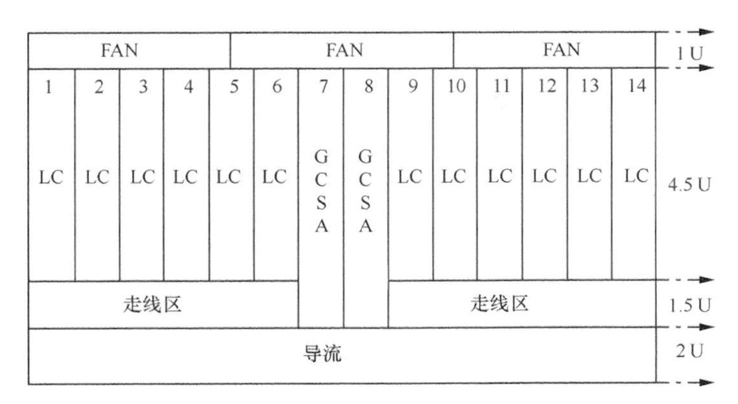

图5-1　背板槽位分布

3. 单板

ZXA10 C220业务板槽位为 1 ～ 14，其中，1 ～ 6 号和 9 ～ 14 号是线卡槽位；7 号和 8 号是核心板槽位。槽位与单板的配置关系见表 5-1。

表5-1　槽位与单板的配置关系

槽位	支持单板	说明
2、3	EITIF板	10Gbit/s上联板
1～6	除EITIF板外的其他线卡	线卡
7、8	GCSA板	控制交换板
9～14	除EITIF板外的其他线卡	线卡

ZXA10 C220 的单板包括主控板、上联板、用户板、背板，ZXA10 C220 单板介绍见表 5-2。

表5-2　ZXA10 C220单板介绍

分类	单板名称	说明	对外接口
主控板	GCSA	控制交换板	3 × RJ-45、时钟信号、维护网口
上联板	EIG	4路光口以太网接口板	4 × GE
	EIGM	光电混合千兆以太网接口板	2 × GE（光口），4 × GE（电口）
	EIGMF	光电混合以太网接口板	2 × FE（光口），4 × GE（电口）
	EIT1F	单接口10Gbit/s光接口板	1 × 10GE
	CE1B	32路E1非平衡接口电路仿真板	32 × E1
	CL1A	单接口STM-1光接口电路仿真板	1 × STM-1
用户板	EPFC	4路EPON板	4 × EPON
背板	MB6UN	6U背板	—

为提高系统的可靠性，在工程中，OLT 需要配置两块控制交换板，其中一块作为主用，另一块作为热备用（在主用板发生故障时即刻启动备用板，以保证设备正常运转）。

此外，电源接口板等也采用这种保护方式。

GCSA 板是 ZXA10 C220 的控制交换板，位于机框的 7 号和 8 号槽位，具体位置如图 5-1 所示。GCSA 板不能与其他业务板混插。GCSA 板主要包括以下四大功能模块。

① 数据交换模块：对以太网业务进行交换及相关的 QoS 处理。

② TDM 交换模块：包括空分模块和时分模块两个交换模块。

③ 定时模块：对整个系统的时钟进行处理，包括时钟源的选择、频率变换及锁相、时钟分配、帧头处理。

④ 系统管理模块：包括整个系统的控制软件及协议处理软件、板间通信模块、开销处理（包括 T 网、以太网交换芯片和主控 CPU）。

GCSA 面板指示灯从上到下依次为 RUN 灯、MS 灯、ALM 灯、CALM 灯。面板上的 RESET 键用于复位 GCSA 板。GCSA 面板的接口说明见表 5-3。

表5-3　GCSA面板的接口说明

丝印	含义
CLKOUT	时钟输出接口
CLKIN	外部输入时钟接口
Q	带外网管接口
CONSOLE	RS-232调试接口

GCSA 面板指示灯状态说明见表 5-4。

表5-4　GCSA面板指示灯状态说明

丝印	颜色	含义
RUN	绿灯慢闪	表示单板运行正常，板类型配置正确
	黄灯	boot
RUN	绿灯长亮	单板未配置
	红灯慢闪	槽位错误/板类型不匹配
	绿灯快闪	备用板获取数据
MS	绿色	主用指示灯，灯亮表示本板主用，灯灭表示本板备用
ALM	红色	告警灯，灯亮表示单板工作不正常
CALM	红色	告警灯，灯亮表示出现时钟告警

4. 软件系统

ZXA10 C220 软件系统采用主从层次型的架构设计，主要由主控系统和其他相关功能系统构成。ZXA10 C220 软件系统架构如图 5-2 所示。

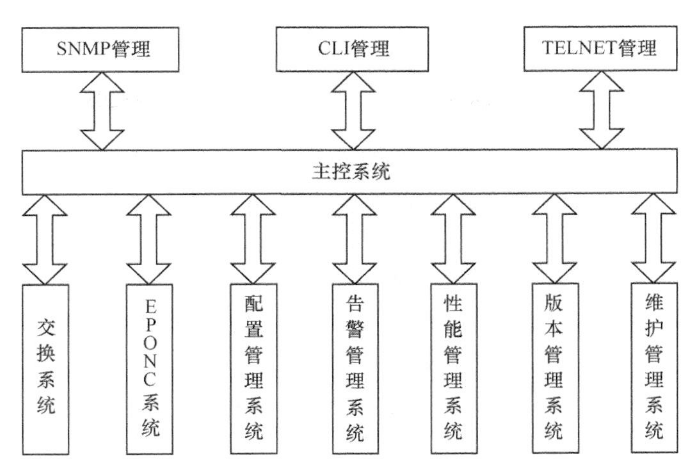

图5-2 ZXA10 C220软件系统架构

（1）主控系统

主控系统主要完成整个系统控制及网管接口等功能，实现系统启动、主备控制、数据管理、异常处理和系统管理功能。

（2）交换系统

交换系统主要由承载部分、协议处理部分、数据库部分组成。

（3）EPONC 系统

EPONC 系统主要完成 EPON 的相关功能。每个 EPONC 需要管理 4 ～ 8 个单独的 EPON 接口。

（4）配置管理系统

配置管理系统主要完成网元系统的配置管理功能，对系统属性、系统运行的物理参数设置、系统运行的管理参数、系统运行的业务参数等进行相关配置和数据处理。

（5）告警管理系统

告警管理系统完成与告警相关的功能，包括告警工作参数设置、告警采集、告警上报、告警恢复、告警过滤。同时也处理事件和消息，将其上告网管系统。告警管理系统不仅涉及本网元的告警，还包括收集和上报网元所连接的所有 ONU 的告警。

（6）性能管理系统

性能管理系统完成与系统工作链路性能相关的功能，包括对 OLT 接口、ONU 等的性能点设置、性能值采集和性能上报等功能，同时提供性能查询、15 分钟及 24 小时性能统计等一系列与系统工作性能相关的功能。

（7）版本管理系统

版本管理系统完成与 OLT 和 ONU 版本管理相关的功能，包括对 OLT 接口、ONU 的软件版本、硬件版本、DBA 算法版本等相关版本的下载、更新和同步等管理功能。

（8）维护管理系统

维护管理系统主要针对网元和所连的所有 ONU 进行维护管理功能，对 ONU 的所有维护操作都是通过 OLT 到 ONU 之间的 OAM 信令来传输的，处理所有的维护管理信息都在 OLT 上。

5.1.2 ZXA10 C300

1. 概述

ZXA10 C300 是大容量、高密度、汇聚型的全业务光接入平台，支持 EPON、GPON、10Gbit/s EPON、P2P，并支持 NG PON、WDM PON 的平滑升级，支持大容量、大带宽的数据、语音、视频和移动基站回传等综合业务接入，满足大众和商务用户的全业务接入需求。

ZXA10 C300 充分考虑光接入大带宽的应用和演进，具有一次汇聚无阻塞、高密度、大容量等特点，满足大规模 FTTX 的业务要求，可提供强大的二层功能和 VLAN 功能。

① ZXA10 C300 支持以下 3 层功能。

- 支持 IPv4/IPv6 双栈。
- 支持静态路由配置。
- 支持路由信息协议（RIP）、开放最短路径优先（OSPF）协议和中间系统到中间系统（IS-IS）协议。

② ZXA10 C300 支持以下组播功能。

- 采用分布式组播处理机制。
- 支持 IGMP。
- Snooping/Proxy/Router 协议。
- 支持组播监听发现（MLD）Snooping/Proxy/Router 协议。
- 支持优异的组播容量。
- 内置组播管理与控制模块，实现可控组播功能。
- 支持丰富的用户鉴权模式。

③ 拥有完善的服务质量功能。

ZXA10 C300 支持基于服务提供商、用户和业务的三级层次化控制，实现对各种不同业务接入端到端的服务质量保障。

④ 强大的 TDM 功能。

ZXA10 C300 提供 E1/T1/STM-*N*［Synchronous Transport Module，level *N*（*N*=1，4，16，64），*N* 阶同步传送模块（*N*=1，4，16，64）］接口，采用结构化分组交换网的电路仿真封装协议（RFC 5086），通过因特网工程任务组（IETF）的边缘到边缘的伪线仿真方式，支持在分组交换网基础结构上提供基于 TDM 的传统业务。

⑤ 完善的时间和时钟同步功能。

ZXA10 C300 提供大楼综合定时供给（BITS）接口和秒脉冲及当前时刻接口。ZXA10 C300 支持 IEEE1588v2 和同步以太网功能，全面满足时间和时钟同步功能，为运营商提供灵活、丰富的时间同步方式，满足移动回传的组网要求和业务要求。

⑥ IPv6 功能。

ZXA10 C300 支持 IPv6 网络承载，支持运营商的网络和业务向 IPv6 平滑演进。

⑦ 全面的安全防护。

ZXA10 C300支持多层次的安全技术，实现对各种不同业务接入的立体保护。

采用AES-128数据加密和三重搅拌加密算法。

⑧ 节能环保。

ZXA10 C300采用低功耗设计，符合欧洲相关标准规范和要求。

⑨ 以太网OAM功能。

ZXA10 C300支持IEEE802.1ag、IEEE802.1ah和ITU-T Y.1731。ZXA10 C300提供端到端的以太网业务管理，提供功能全面的服务层OAM应用。

此外，ZXA10 C300支持完善的故障检测和故障分析定位功能，有效降低运营性支出；同时具备人性化的网络管理功能，NetNumen U31网管系统实现对ZXA10 xPON系列局端和用户端设备统一管理维护，提供人性化的图形界面。ZXA10 C300还提供丰富的北向接口，配合实现流程电子化和全网资源统一规划管理。

ZXA10 C300的外观如图5-3所示。

图5-3　ZXA10 C300的外观

2. 单板

ZXA10 C300单板的详细介绍见表5-5。

表5-5　ZXA10 C300单板的详细介绍

单板类型	名称	说明	对外接口
交换控制板	SCXL	L形交换控制板	1个带外网管口、1个调试串口、1个SD卡接口
	SCXM	M形交换控制板	
PON接口板	GTGO	8路GPON接口板	8个GPON接口
	GTGQ	4路GPON接口板	4个GPON接口
	ETGO	8路EPON接口板	8个EPON接口
	ETXD	2路非对称10Gbit/s EPON接口板	2个非对称10Gbit/s EPON接口

续表

单板类型	名称	说明	对外接口
4.5U上联板	XUTQ	4路10GE光口以太网上联板	4个10GE以太网光接口
	GUFQ	4路GE光口以太网上联板	4路GE以太网光接口
	GUTQ	4路GE电口以太网上联板	4路GE以太网电口
	GUSQ	4路光电复用以太网上联板	4路GE以太网光电复用接口
	HUGQ	2路GE和2路FE光口上联板	4个GE和FE以太网接口
	HUTQ	2路10GE和2路GE上联板	2个10GE和2个GE以太网光接口板
	HUWQ	2路10GE和2路GE上联板，提供同步以太网功能	2个10GE和2个GE以太网光接口板
P2P接口板	FTGH	16路P2P以太网接口板	16个P2P 1000Mbit/s、100Mbit/s以太网光接口板
	FTGK	48路P2P以太网接口板	48个P2P 1000Mbit/s、100Mbit/s以太网光接口板
以太网板	GDFO	8路GE以太网光接口板	8个GE以太网光接口
TDM接口板	CTLA	STM-N电路仿真接口板	2个STM-1或1个STM-4光接口
	CTBB	32路E1平衡电路仿真接口板	32个平衡型E1接口
	CTTB	32路T1电路仿真接口板	32个平衡型T1接口
	CTUB	32路E1非平衡电路仿真接口板	32个非平衡型E1接口
公共接口板	CICG	通用公共接口板，提供时钟处理、环境监控和OAM功能	2个BITS时钟输入接口
			1个BITS时钟输出接口
			1个带外维护网口
			1个保留网口
			1个公共串口
			1个维护保留串口
			4个保留开关量输入接口
			1个保留开关量输出接口
			1个温度传感器接口
			1个湿度传感器接口
公共接口板	CICG	通用公共接口板，提供时钟处理、环境监控和OAM功能	1个烟雾传感器接口
			1个水淹传感器接口
			1个门禁传感器接口

续表

单板类型	名称	说明	对外接口
背板	MWEA	21英寸（约53.34厘米）背板	
	MWET		
	MWER		
	MWIA	19英寸（约48.26厘米）背板	
	MWIT		
	MWIR		
电源板	PRWG	4.5U通用电源板	1个电源线缆插座
			2个RJ45接口（预留）
风扇单元	FAN-C300/21	21英寸（约53.34厘米）风扇单元，提供散热功能	
	FAN-C300/19	19英寸（约48.26厘米）风扇单元，提供散热功能	

3. 软件系统

ZXA10 C300 软件系统架构如图 5-4 所示。

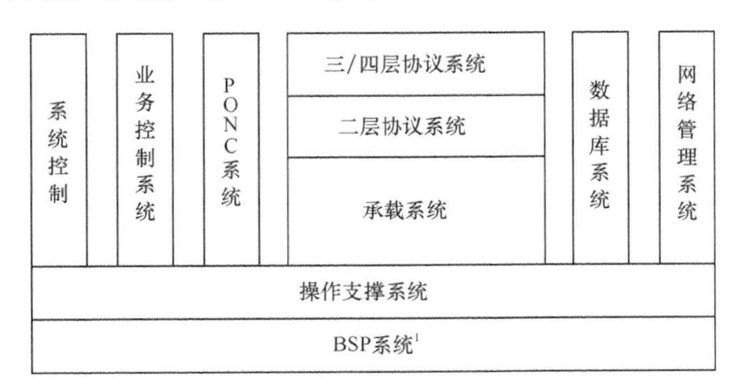

图5-4　ZXA10 C300软件系统架构

① 系统控制。系统控制负责管理整个系统的运行。

② 业务控制系统。业务控制系统由业务管理模块和业务测试模块组成，负责系统业务的控制管理。

③ PONC 系统。PONC 系统主要实现 EPON 业务的相关功能，例如 MPCP、OAM 和扩展 OAM 协议、DBA 算法、ONU 注册与认证、数据加密等。

④三 / 四层协议系统。三 / 四层协议系统主要包括 TCP/IP 协议簇的 IP、IPv6、ICMP、ICMPv6、传输控制协议（TCP）、用户数据报协议（UDP）、地址解析协议（ARP）、邻居发现（ND）协议、ACL 规则、静态路由、路由管理。

⑤ 二层协议系统。二层协议系统主要包括 LACP、生成树协议（STP）、IGMP

1　BSP（Board Support Package，板级支持包）系统是介于主板硬件和操作系统之间的一层。

Snooping 协议（v1/v2/v3）、MAC 地址管理、VLAN 管理、优先级管理、IEEE802.3x 流量控制。

⑥ 承载系统。承载系统负责各种业务芯片驱动的封装，使上层业务模块与下层硬件模块相隔离，上层业务的设计不需要考虑下层硬件的具体结构。上层业务模块通过复用器调用承载子系统的各个模块。

⑦ 数据库系统。数据库系统负责系统配置数据和网管数据的访问控制，管理对象包括维护管理接口的 MAC 地址表、VLAN 数据和远程监视信息等。

⑧ 网络管理系统。网络管理系统由命令行界面（CLI）模块、SNMP Proxy 模块和 Sub Agent 模块组成。

⑨ 操作支撑系统。操作支撑系统为上层软件提供一个与硬件平台无关的运行环境。它向下负责管理整个路由器的分布式硬件体系结构，向上为各处理机上的应用程序提供一个统一的运行平台。

⑩ BSP 系统。BSP 系统包括 BSP 模块和内置网络接口驱动模块。

5.2 解密 ONU

本节以 ZXA10 F460、ZXA10 F660 为例，介绍 EPON/GPON 系统中常用的 ONU。

5.2.1 ZXA10 F460

ZXA10 F460 是一个高度集成的 EPON 综合接入设备。它是集 IEEE802.11b/g 无线路由器、VoIP 的高端多合一网关产品，能够为个人用户、SOHO（小型办公室或家庭式办公室）、小型企业等提供高性能的接入服务。

1. 应用场景

ZXA10 F460 是针对宽带网络建设特点推出的一款面向家庭、SOHO 用户的集 EPON ONU、WLAN AP、IAD、LAN Switch 等多种功能的家庭网关设备。针对高速 Internet 连接访问、VoIP 语音接入、IPTV 视频点播和直播接入等不同的业务需求，ZXA10 F460 提供完善的 QoS 功能。提供更加安全的无线加密方式和功能强大的防火墙，可以阻止未经授权的用户访问网络并保证用户的安全。提供 TR-069 网络管理协议，实现了全面的远程网络管理。

2. 功能部件

① 1 个 1.25Gbit/s EPON 接口。

② 4 个 10Mbit/s 或 100Mbit/s 以太网接口。

③ 2 个 USB2.0 host 接口。

基于 Web 的图形用户界面；支持 IPSec VPN；支持接口触发功能，自动打开各种游戏和应用程序的特定接口。

可配置的 DHCP 服务器；兼容所有标准网络应用程序；支持 Virtual Server、IP Filter、DMZ Host 等。

系统配置相应状态的简单 Web 页面显示，并连接到配置页面。

支持多达 16 个 VLAN；支持多达 8 个 PPPoE 会话；支持 RIPv1 & RIPv2 和 NAT；WLAN 传输速率高达 54 Mbit/s，兼容符合 IEEE802.11b/g、2.4GHz 的设备。

集成 VoIP，支持 2 个 FXS RJ-11 接口。

3. 接口侧视图

ZXA10 F460 设备接口侧面如图 5-5 所示。

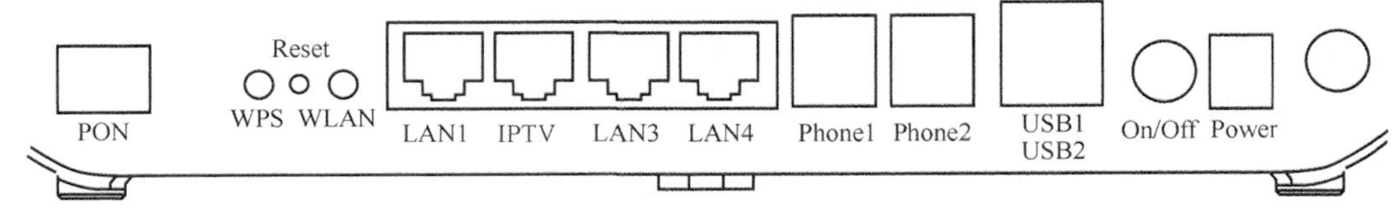

图 5-5　ZXA10 F460设备接口侧面

ZXA10 F460 接口说明见表 5-6。

表5-6　ZXA10 F460接口说明

接口	说明
PON	SC/PC光接口
WPS	WPS启动按钮
Reset	恢复出厂设置按钮
WLAN	启动/关闭WLAN
LAN1、LAN3、LAN4和IPTV	RJ-45 10/100BASE-T以太网接口
Phone1、Phone2	RJ-11电话接口，即VoIP接口
USB1、USB2	USB 2.0 host接口
On/Off	设备上/下电开关控制
Power	12V DC电源输入接口，接电源适配器的输出

5.2.2　ZXA10 F660

ZXA10 F660 是面向家庭和 SOHO 用户设计的一款室内 ONU。ZXA10 F660 支持水平放置在工作台上或挂墙安装，能满足用户不用场景的布放需求。通过单根光纤提供高速数据通道，GPON 上行速率为 1.244Gbit/s，下行速率可达 2.488Gbit/s，可以尽享高速的数据传输服务，优质的语音、视频服务，安全可靠的无线接入业务，以及便利的家庭网络存储和文件共享服务。ZXA10 F660 设备接口侧面如图 5-6 所示。

图 5-6　ZXA10 F660设备接口侧面

面板接口作用如下。

① LAN1 ～ LAN4 接口：RJ-45 网络接口，连接计算机或 IPTV 机顶盒。

② Phone1、Phone2 接口：电话接口，连接电话机。

③ PON 接口：光纤接口，上联 OLT。

④ Power 接口：电源接口。

⑤ On/Off：开关按钮。

5.3 解密 ODN

ODN 部分主要由光分路器和 3 段光缆组成，连接 OLT 与光分路器的光缆可称为馈线光缆，连接光分路器到用户接入点的光缆可称为配线光缆，从用户接入点到 ONU 的部分可称为入户光缆，本节仅对核心器件光分路器进行介绍。

光分路器是 PON 中的一个核心无源器件。光分路器是一种集成波导光功率分配装置，可以将一个输入光信号分路成二个或多个输出光信号，光输入功率均匀分布在所有的输出接口上。例如，一个分光比为 1∶4 的光分路器可以将一个光信号功率分成 4 份（可均分，也可不均分），然后在 4 个不同的通道内传输。目前，工程中常用的光分路器的分光比一般为 1∶N 或 2∶N，如 1∶4、1∶8、1∶16、1∶32、2∶16、2∶32 等。

5.3.1 光分路器的工作原理

当光信号在单模光纤中传输时，光能量并不能完全集中在纤芯中传播，有少量光能量是通过靠近光纤包层进行传播的。总的来说，当两根光纤纤芯距离足够靠近时，一根光纤中传输的光信号可以进入另一根光纤，也就是光信号可以在这两根光纤中得到重新分配，这也正是光分路器的由来。光分路器的工作原理如图 5-7 所示。

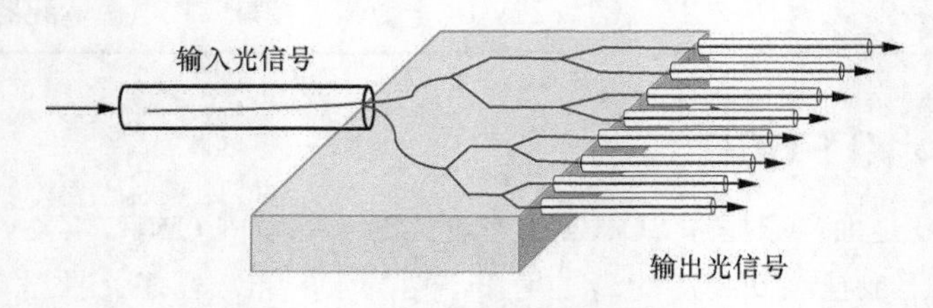

图5-7　光分路器的工作原理

从图 5-7 中可以看到，光分路器的入 / 出口比例只能是 1∶2^n 的形式，这是因为输出光信号的路数是经过 N 次分光得来的，这就不可避免地出现光功率的损耗问题。

需要特别注意的是，在此进行的分光，分的是光功率，而不是带宽。这也是造成很多人认为单 PON 接口携带用户数越多，每个用户接入带宽就越小的原因。

光功率损耗与光分支的次数相关。经过测算，每进行一次分光，光功率损耗大约 3.5dBm，且是级数级损耗。光分路器的功率衰减如图 5-8 所示。因此在选择使用光分路器型号时，并不能仅考虑大分光比数，还要考虑接入距离的远近，以保障用户接收端的光功率衰减满足要求。

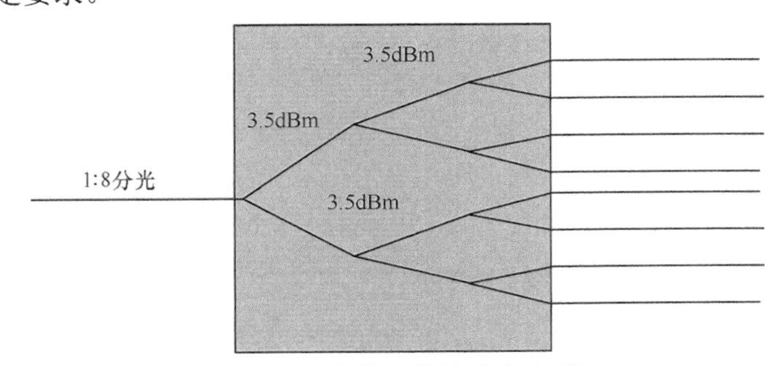

图5-8　光分路器的功率衰减

光功率的损耗大小决定了可传输距离，进而决定接入网的覆盖半径大小。PON 所能覆盖的范围约为 10km，这主要是由光分路器的性能决定的。实验室中可以做到 1∶128 及以上的光分路器，但是在实际工程中进行设备选型时，并不是分光比越大越好，一般选择 1∶32 以下的器件。在实现近距离、密集用户覆盖时，可少量选择 1∶64 器件或多级分光，以便在满足业务质量的前提下，最大程度地降低分摊到每个用户的接入成本。

5.3.2　光分路器的类型

根据不同的光分路器工作原理和制作工艺，光分路器分为平面波导型和熔融拉锥型两种。

1. 平面波导型光分路器

平面波导型光分路器如图 5-9 所示。它是一种基于石英基板的集成波导光功率分配器件，其主要作用是将光信号从一根光纤分至多条光纤中。器件由一个光分路器芯片和两端的光纤阵列耦合而成，芯片是核心组件，芯片的好坏与分路通道直接影响整个光分路器的价格，芯片有一个输入端和 N 个输出端波导。光纤阵列位于芯片的上表面，封上外壳，组成有一个输入光纤和 N 个输出光纤的光分路器。

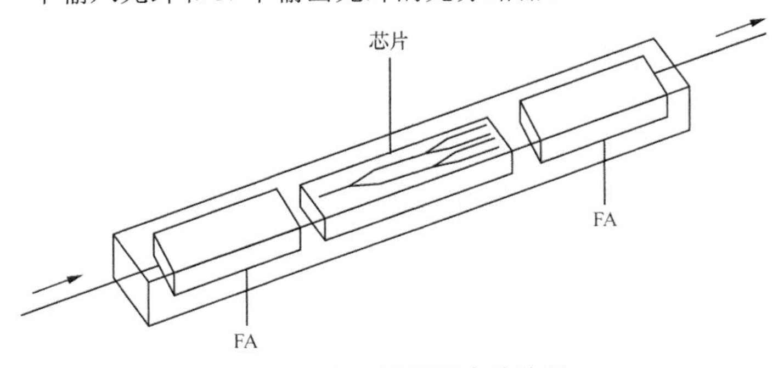

图5-9　平面波导型光分路器

2. 熔融拉锥型光分路器

熔融拉锥技术是将两根或多根除去涂覆层的光纤捆在一起，然后在拉锥机上熔融拉伸，并实时监控分光比的变化，分光比达到要求后结束熔融拉伸，其中一端保留一根光纤（其余剪掉）作为输入端，另一端则作为多路输出端。熔融拉锥型光分路器如图 5-10 所示。

熔接的光纤非常脆弱，因此在制作过程中常使用由环氧树脂和二氧化硅粉末制成的玻璃管加以保护，再用不锈钢管覆盖内玻璃管，并用硅材料进行密封。随着技术的不断发展，熔融拉锥型光分路器的质量越来越好，制作成本逐步下降。

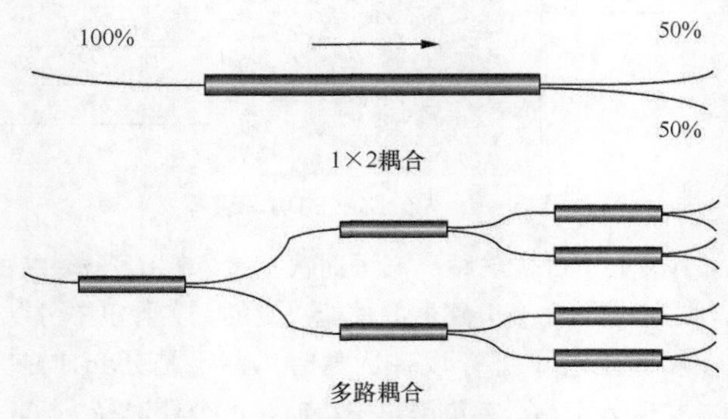

图5-10　熔融拉锥型光分路器

分光比的分配方式不同也是两者主要的区别之一。熔融拉锥型光分路器的分光可变性是此器件的最大优势。平面波导型光分路器的分光是均等的，可以将信号均匀分配给用户。例如，1×32 的平面波导型光分路器可以将光信号平均分成 32 份，然后在 32 个不同的通道内传输。有时，由于用户数量和距离的不一致性，需要对不同线路的光功率进行分配，此时就需要用到不同分光比的器件，则会使用熔融拉锥型光分路器。

3. 工程中常用的光分路器实例

工程中典型且常用的光分路器件有盒式光分路器、壁挂式光分路器、托盘式光分路器等，工程中常用的光分路器如图 5-11 所示。

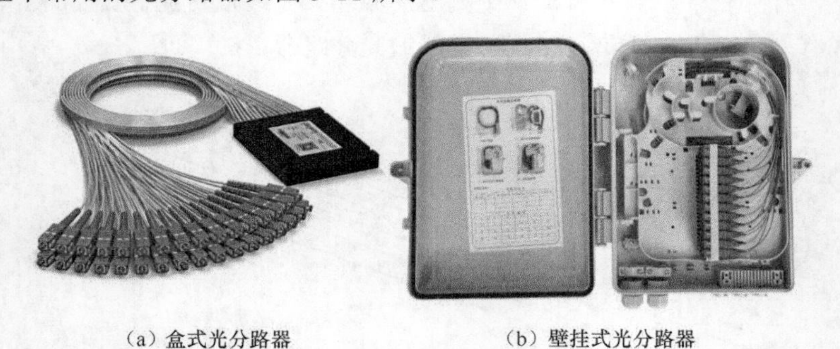

（a）盒式光分路器　　（b）壁挂式光分路器

图5-11　工程中常用的光分路器

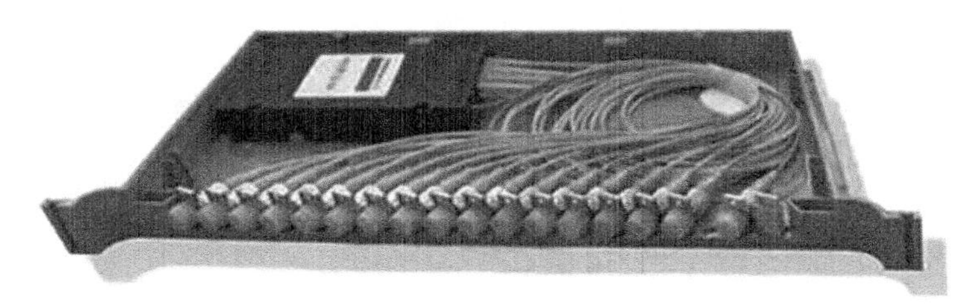

（c）托盘式光分路器

图5-11　工程中常用的光分路器（续）

5.3.3　常用光分路器的参数

常用光分路器的参数见表 5-7。

表5-7　常用光分路器的参数

光分路器参数1×4		指标/dB				
		1×8	1×16	1×32	1×64	
插入损耗（IL）	典型值	7	10.2	13.2	16.5	19.6
	最大值	7.3	10.6	13.5	17.0	20.0
偏振相关损耗（PDL）		≤0.3	≤0.3	≤0.3	≤0.3	≤0.3
均匀性		≤0.6	≤0.6	≤0.6	≤1.2	≤1.7
回波损耗		≥55	≥55	≥55	≥55	≥55
方向性		≥55	≥55	≥55	≥55	≥55
接口最大偏差范围		0.8	1.8	2.0	2.5	
工作波长		1260～1610nm				
工作温度		–40℃～85℃				
储藏温度		–40℃～85℃				

第6章 EPON的配置与业务开通

【项目引入】

有了前面的铺垫，自本章起，我们进入EPON实操阶段。本章主要包括OLT和ONU的初始化配置，以及宽带业务、VoIP语音的配置。OLT的操作包括完成登录设备、数据库清空、硬件物理配置，以及带内网管、带外网管配置等。OLT正常运行后，即可在OLT上通过命令行开通ONU，完成ONU的认证、注册、开通，在OLT侧完成ONU远程登录管理。

设备运行正常后，可开通相关业务。EPON支持宽带接入服务，IPTV、VoIP等业务。对于宽带接入业务，需要在OLT中配置线路业务。对于IPTV和VoIP等增值业务，需要在OLT和ONU中分别配置业务。

总的来说，EPON的配置过程较为复杂，专业性较强，配置完成后还需要进行系统测试，以确保网络的高效稳定。本章的学习，对于培养学生系统性工程思维能力，以及分析问题、解决问题的能力具有重要作用。

【学习目标】

- 熟悉OLT的物理配置。
- 掌握OLT带内网管、带外网管的配置。
- 掌握EPON ONU管理操作。
- 掌握EPON宽带业务、组播业务的开通配置。
- 了解EPON VoIP业务配置。

6.1 OLT的初始化配置

本节以ZXA10 C220为载体，主要介绍ZXA10 C220带外网管和带内网管配置、单板配置等内容，让学生掌握ZXA10 C220各单板的安装及配置，初始化带内网管和带外网管配置等知识，能够根据EPON的接入需求，独立完成设备的选型和配置。

6.1.1 业务描述

ZXA10 C220安装完成后，需要对它进行初始化配置，以便日后对设备进行远程维护管理。

6.1.2　单板选择

单板选择的情况见表 6-1。

表6-1　单板选择的情况

单板类型	单板数量
主控交换板（EC4GM）	1
光电混合千兆以太网接口板（EIGM）	1
4路EPON板	1
电源接口板（PFB）	2
管理接口板（MCIB）	1
风扇板（FIB3U）	2

6.1.3　管理方式配置

1. 超级终端方式

首先调试线缆连接交换控制板的 CLI 与计算机的接口；然后在 Windows 系统中选择菜单“开始—所有程序—附件—通讯—超级终端”，打开连接对话框，输入 C220（可以根据自己的习惯来命名）后，单击“确定”按钮。接下来根据接口电缆的连接选择 COM1 或 COM2 等，单击“确定”按钮，打开属性对话框；单击“还原为默认值”按钮后，再单击“确定”按钮，即可进入超级终端窗口。COM1 的属性设置如图 6-1 所示。

注意：

Windows Terminal 是 Windows 10 中的一个可选组件，需要在设置中进行激活或更新后才能使用。在 Windows 11 中，微软决定停止支持 Hyper Terminal，并且没有将其集成到操作系统。可以考虑其他替代方案或者使用第三方软件。

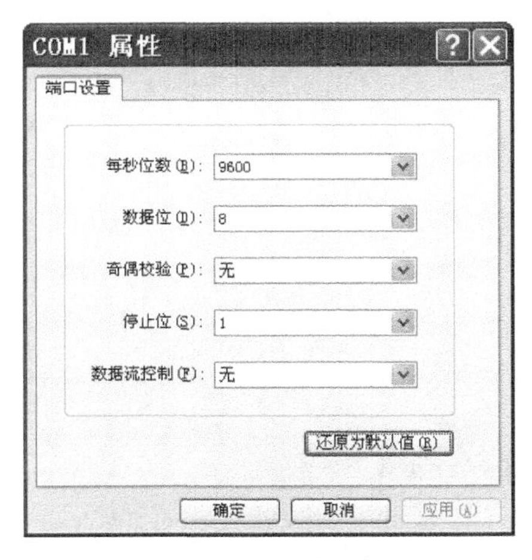

图6-1　COM1的属性设置

2. Telnet 方式

配置带内网管和带外网管后，用户可以通过 Telnet（带外网管地址）对 ZXA10 C220 进行远程管理。例如，用设备自带写入的地址 10.63.196.176（带外网管地址）登录设备进行配置：将本地计算机用网线连接到带外网管接口，将 IP 地址配置与 10.63.196.176 在一个地址段内；在“运行”窗口中输入“telnet 10.63.196.176”命令行后单击“确定”按钮，即可远程登录设备进行配置，如图 6-2 所示。

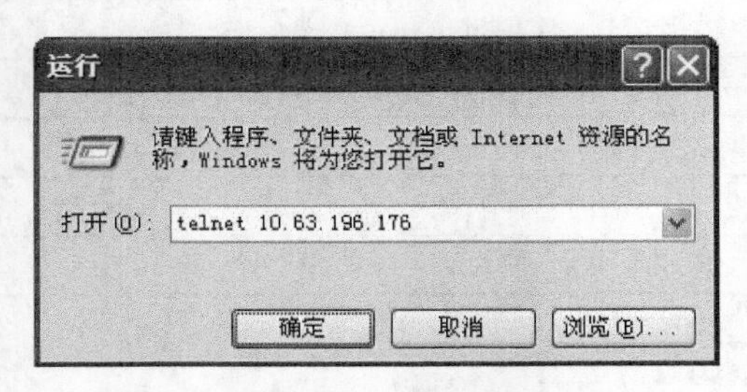

图6-2 使用Telnet方式进行配置

如果网络连接正常，则会弹出登录窗口。输入用户名和密码后，系统会进入命令行管理员模式“ZXAN#”，在这种模式下可进行各种配置，示例如下。

```
************************************************
Welcome to ZXAN product C220 of ZTE Corporation
************************************************
Username:zte
Password:zte
ZXAN#
```

6.1.4 带内网管配置

1. 简介

通过 NetNumen 以带内网管的方式对 ZXA10 C220 进行维护管理。在带内网管的方式下，网管交互信息通过设备的业务通道传输。带内网管方式组网灵活，不用附加设备，能够节约用户成本，但不易于维护。

ZXA10 C220 支持带内网管和带外网管。带内网管通过业务通道（上行端口）接入网络，实现网管信息传输，通常应用于实际工程。带外网管通过控制交换板的 Q 接口接入网络，利用非业务通道来传输管理信息，使管理通道和业务通道分离，通常用于本地管理和维护。

2. 前提条件

① 网络设备和线路正常。

② 硬件（机架、机框、单板）已添加。

③ 已通过超级终端方式登录设备。

3. 组网图

带内网管配置组网如图 6-3 所示。

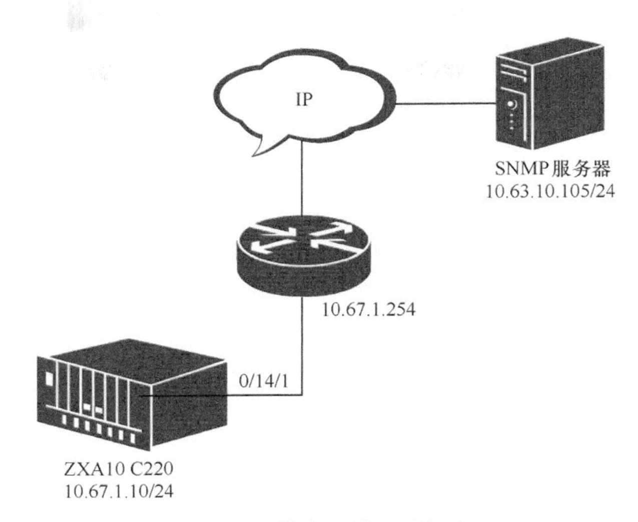

图6-3　带内网管配置组网

NetNumen 通过上行端口以带内网管的方式对 ZXA10 C220 进行维护管理，在 ZXA10 C220 配置 NetNumen 的网管路由，并配置 SNMP 相关参数。

4. 数据规划

带内网管配置数据规划见表 6-2。

表 6-2　带内网管配置数据规划

配置项	数据
ZXA10 C220带内网管端口	VLAN ID：1000 IP地址：10.67.1.10/24
路由器接ZXA10 C220侧接口	IP地址：10.67.1.254/24
网管服务器	IP地址：10.63.10.105/24 版本：V2C 团体名：public 告警级别：NOTIFICATIONS

说明：

本节只介绍 ZXA10 C220 侧的数据配置。应在路由器侧进行相应配置，只有确保路由器侧有相应路由条目，才能通过带内网管连接到 OLT 进行远程配置。

5. 配置步骤

① 配置带内网管 VLAN。

进入全局配置模式，示例如下。

```
ZXAN#configure terminal
Enter configuration commands, one per line. End with CTRL/Z.
ZXAN(config)#
```

添加网管 VLAN，示例如下。

```
ZXAN(config)#vlan 1000
ZXAN(config-vlan)#exit
ZXAN(config)#
```

进入上行端口配置模式，示例如下。

```
ZXAN(config)#interface gei_0/14/1
ZXAN(config-if)#
```

以 tag 模式将上行端口加入网管 VLAN，示例如下。

```
ZXAN(config-if)#switchport vlan 1000 tag
ZXAN(config-if)#exit
ZXAN(config)#
```

通过“switchport vlan”命令配置 VLAN 端口时，系统会自动创建该 VLAN。

② 配置带内网管端口 IP 地址。

进入 VLAN 端口模式，示例如下。

```
ZXAN(config)#interface vlan 1000
ZXAN(config-if)#
```

配置 VLAN 端口的 IP 地址，示例如下。

```
ZXAN(config-if)#ip address 10.67.1.10 255.255.255.0
ZXAN(config-if)#exit
ZXAN(config)#
```

③ 配置带内网管路由，示例如下。

```
ZXAN(config)#ip route 10.63.10.0 255.255.255.0 10.67.1.254
```

④ 配置 SNMP community（可选）。

系统有缺省的 public community，可不进行配置。如果需要配置，则使用“snmp-server community”命令，示例如下。

```
ZXAN(config)#show snmp config
snmp-server location No.889 BiBo Rd. PuDong District, ShangHai, China
snmp-server contact +86-021-68895000
snmp-server packetSize 3000
snmp-server engine-id 80000f3e0300005858588888
snmp-server community public view allview rw
snmp-server view allview internet included
snmp-server view DefaultView system included
snmp-server enable trap SNMP
snmp-server enable trap VPN
snmp-server enable trap BGP
snmp-server enable trap OSPF
snmp-server enable trap RMON
snmp-server enable trap STALARM
```

⑤ 配置网管服务器 IP 地址，示例如下。

```
ZXAN(config)#snmp-server host 10.63.10.105 trap version 2c public enable NOTIFICATIONS
server-index 1 udp-port 162
```

说明：

实际组网中，除了 ZTE 的 NetNumen，可能还有第三方系统接收网元上报的 Trap 类型，所以 snmp-server host 可以设置多个。

⑥ 设置允许发送的 Trap 类型（可选）。

ZXA10 C220 支持以下 6 种常规的 Trap 类型：SNMP、BGP、OSPF、RMON、STALARM、VPN。

所有类型的 Trap 告警缺省都是打开的，不需要配置。如果需要配置，则使用“snmp-server enable trap”命令，示例如下。

```
ZXAN(config)#snmp-server enable trap
ZXAN(config)#exit
ZXAN#
```

⑦ 保存配置数据，示例如下。

```
ZXAN#write
Building configuration...
...[OK]
```

6. 操作结果

网管服务器能够通过带内网管方式对 ZXA10 C220 进行管理，且 ZXA10 C220 的告警会自动上报至网管服务器。

6.1.5　带外网管配置

1. 简介

通过 NetNumen 以带外网管的方式对 ZXA10 C220 进行维护管理。带外网管通过非业务通道来传输管理信息，使管理通道与业务通道分离，比带内网管提供的设备管理通路更可靠。在 ZXA10 C220 发生故障时，能及时定位网络上的设备信息，并实时监控。

2. 前提条件

① 网络设备和线路正常。

② 硬件（机架、机框、单板）已添加。

③ 已通过超级终端方式登录设备。

3. 组网图

带外网管配置组网如图 6-4 所示。

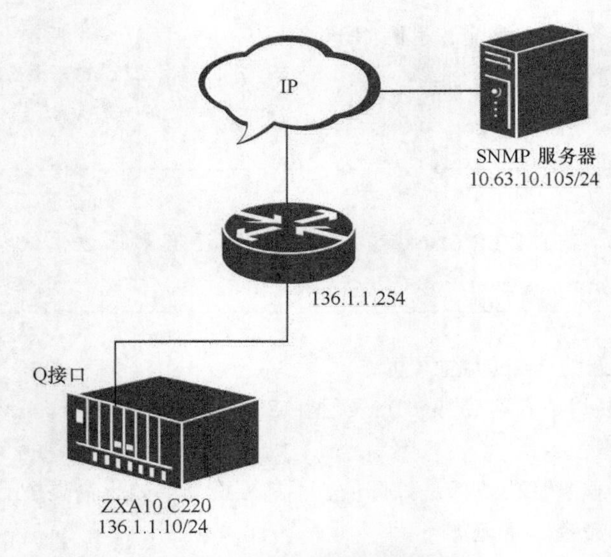

图6-4　带外网管配置组网

4. 数据规划

带外网管配置数据规划见表 6-3。

表6-3　带外网管配置数据规划

配置项	数据
ZXA10 C220带外网管接口（Q接口）	IP地址：136.1.1.10/24
路由器接ZXA10 C220侧接口	IP地址：136.1.1.254/24
网管服务器	IP地址：10.63.10.105/24 版本：V2C 团体名：private 告警级别：NOTIFICATIONS

说明：

本节只介绍 ZXA10 C220 侧的数据配置，若需要网络相通，请在路由器侧进行相应的配置。

5. 配置步骤

① 配置带外网管接口 IP 地址。

进入全局配置模式，示例如下。

```
ZXAN#configure terminal
Enter configuration commands, one per line. End with CTRL/Z.
ZXAN(config)#
```

进入管理接口配置模式，示例如下。

```
ZXAN(config)#interface mng1
ZXAN(config-if)#
```

配置带外网管接口IP地址，示例如下。

```
ZXAN(config-if)#ip address 136.1.1.10 255.255.255.0
ZXAN(config-if)#exit
ZXAN(config)#
```

说明：

带外网管和带内网管的IP地址不能配置在同一个网段内。

② 配置带外网管路由，示例如下。

```
ZXAN(config)#ip route 10.63.10.0 255.255.255.0 136.1.1.254
```

③ 配置SNMP community（可选）。

系统有缺省的public community，可不进行配置。如果需要配置，则使用“snmp-server community”命令，示例如下。

```
ZXAN(config)#show snmp config
snmp-server location No.889 BiBo Rd. PuDong District, ShangHai, China
snmp-server contact +86-021-68895000
snmp-server packetSize 3000
snmp-server engine-id 80000f3e0300005858588888
snmp-server community public view allview rw
snmp-server view allview internet included
snmp-server view DefaultView system included
snmp-server enable trap SNMP
snmp-server enable trap VPN
snmp-server enable trap BGP
snmp-server enable trap OSPF
snmp-server enable trap RMON
snmp-server enable trap STALARM
```

④ 配置网管服务器IP地址，示例如下。

```
ZXAN(config)#snmp-server host 10.63.10.105 trap version 2c public enable
NOTIFICATIONS server-index 1 udp-port 162
```

说明：

实际组网中，除了ZTE的NetNumen，可能还有第三方系统接收网元上报的Trap类型，所以snmp-server host可以设置多个。

⑤ 配置允许发送的Trap类型（可选）。

所有类型的Trap告警缺省都是打开的，不需要配置。如果需要配置，则使用“snmp-server enable trap”命令，示例如下。

```
ZXAN(config)#snmp-server enable trap
ZXAN(config)#exit
ZXAN#
```

⑥ 保存配置数据，示例如下。

```
ZXAN#write
Building configuration...
...[OK]
```

6. 操作结果

网管服务器能够通过带外网管方式对 ZXA10 C220 进行管理，且 ZXA10 C220 的告警会自动上报至网管服务器。

6.1.6 物理配置

1. 配置机架

（1）目标

增加 ZXA10 C220 机架。

（2）前提

① 网络设备正常。

② 通过超级终端方式或者 Telnet 方式登录 ZXA10 C220。

（3）步骤

① 执行“configure terminal”命令，进入全局配置模式，示例如下。

```
ZXAN#configure terminal
Enter configuration commands, one per line. End with CTRL/Z.
```

② 执行“add-rack”命令添加机架，示例如下。

```
ZXAN(config)#add-rack rackno 0 racktype ZXPON
--步骤结束--
```

说明：

ZXA10 C220 目前只支持配置一个机架，因此 rackno 的参数只能为 0。

③ 结果：机架添加成功，无错误提示。

2. 配置机框

ZXA10 C220 支持以下两种类型的机框。

① ZXA10 C220 A：ZXA10 C220 A 型机框，电源前出线机框。

② ZXA10 C220 B：ZXA10 C220 B 型机框，电源后出线机框。

（1）目标

在机架中添加机框。

（2）前提

① 网络设备正常。

② 通过超级终端方式或者 Telnet 方式登录 ZXA10 C220。

③ 已成功添加机架。

（3）步骤

① 进入全局配置模式，示例如下。

```
ZXAN#configure terminal
Enter configuration commands, one per line. End with CTRL/Z.
```

② 执行“add-shelf”命令添加机框，示例如下。

```
ZXAN(config)#add-shelf shelfno 0 shelftype ZXA10C220-B
```

③ 执行“show shelf”命令确认机框是否添加成功，示例如下。

```
ZXAN(config)#show shelf
Rack  Shelf    ShelfType     HwNo        CleiCode
---------------------------------------------------------------------
0       0      ZXA10C220-B    0          ZXA10C220-B_CleiCode
-- 步骤结束 --
```

④ 结果：机框添加成功。

机框添加成功后，可执行“show card”命令查看两块主控板信息，示例如下。

```
ZXAN(config)#show card
Rack  Shelf Slot CfgType   RealType Port  HardVer  SoftVer Status
---------------------------------------------------------------------
0     0     7    GCSA      GCSA      0      V1      V1.2.1  INSERVICE
0     0     8    GCSA      GCSA      0      V1      V1.2.1  STANDBY
```

3. 添加单板

（1）目标

对网元进行用户单板的添加。

（2）前提

① 网络设备正常。

② 通过超级终端方式或者 Telnet 方式登录 ZXA10 C220。

③ 机架添加成功。

④ 机框添加成功。

（3）步骤

① 进入全局配置模式，示例如下。

```
ZXAN#configure terminal
Enter configuration commands, one per line. End with CTRL/Z.
```

② 添加网元单板。

执行“add-card”命令添加用户单板或上联板。根据单板或上联板所在的槽位号、单板类型进行添加。

在 10 号槽位添加 GPFA 单板，示例如下。

```
ZXAN(config)#add-card slotno 10 GPFA
```

③ 显示单板。

执行“show card”命令查询 ZXA10 C220 当前所有单板的配置和状态，示例如下。

```
ZXAN(config)#show card
Rack Shelf  Slot   CfgType  RealType  Port  HardVer   SoftVer Status
-------------------------------------------------------------------
0      0     7     GCSD     GCSD       0      V1      V1.2.1 INSERVICE
0      0     8     GCSD     GCSD       0      V1      V1.2.1 STANDBY
0      0     10    EPFC     EPFCB      4      V1.19   V1.2.1 INSERVICE
```

单板状态的说明如下。

DISABLE：没有收到单板信息；INSERVICE：单板正常工作；STANDBY：单板处于备用工作状态；OFFLINE：已经增加该单板，但是该单板处于硬件离线状态。

4. 删除单板

当某槽位需要更换另一种类型的单板时，需要删除曾经配置的单板，再添加新的单板。不能删除主控板。

执行以下命令删除 5 号槽位的单板。

```
ZXAN(config)#del-card slotno 5
Confirm to delete card? [yes/no]:y
```

5. 主备倒换

主备倒换应用于主用控制交换板与 PON 板的内联接口通信故障、系统中某些进程故障，以及主用控制交换板故障等场景。

在全局模式下，执行“swap”命令运行主备倒换，示例如下。

```
ZXAN#swap
Confirm to master swap? [yes/no]:y
```

6. 操作结果

单板添加成功，无错误提示。

本操作结束后，通过执行“show card”命令查询 ZXA10 C220 当前所有单板的配置是否和物理配置相同，单板状态是否正常。

6.2 EPON ONU 管理操作

本节以 ZXA10 C220 系列光宽带设备和 ZXA10 F460 为载体，设计出“ONU 的注册与认证”实训。希望通过实训，让学生掌握常见的 ONU 设备及功能、ONU 的注册和认证步骤。

6.2.1 ZXA10 F460 的参数

ZXA10 F460 主要用于 FTTH，提供以太网、语音业务、Wi-Fi、USB 和 CATV 等多

种接入。ZXA10 F460 的语音接口参数见表 6-4，Wi-Fi 接口参数见表 6-5，光接口参数见表 6-6，PON 接口参数见表 6-7，Switch 接口参数见表 6-8。

表6-4　ZXA10 F460的语音接口参数

功能模块名称	功能模块描述
VoIP语音处理	语音编解码和业务处理
接口型号	RJ11
接口数量	2路POTS
T30/T38传真	支持
语音协议	SIP、H.248、MGCP
逃生口	支持

表6-5　ZXA10 F460的Wi-Fi接口参数

功能模块名称	功能模块描述
基本配置	ESSID/信道
设置基本速率集	802.11b可以设置发送速率值：1Mbit/s、2Mbit/s、5.5Mbit/s、11Mbit/s；802.11g可以设置发送速率值：6Mbit/s、9Mbit/s，12Mbit/s、18Mbit/s、24Mbit/s、36Mbit/s、48Mbit/s、54Mbit/s
国家代码	可选择的国家或地区
隐藏ESSID	支持
WEP加密	64位、128位、152位

表6-6　ZXA10 F460的光接口参数

参数	标称值
连接头	SC/PC
PON数量	1
光纤类型	单模光纤
波长	发端：1310nm；收端：1490nm
PON接口标准	IEEE803.2ah/1000BASE-PX20+
光接口接收/发送速率	1.25Gbit/s

表6-7　ZXA10 F460的PON接口参数

功能模块名称	功能模块描述
系统注册和认证功能	
基于ONU MAC地址注册	支持
基于LOID注册	支持
OAM功能	

续表

功能模块名称	功能模块描述
支持PON接口换回	支持
支持PON链路测试	支持
Dying Gasp 告警	支持
数据加密	支持

表6-8　ZXA10 F460的Switch接口参数

功能模块名称	功能模块描述
802.1P优先级	支持
接口速率强制和自适应	支持
802.1Q tag Vlan	支持
广播风暴控制	支持
接口速率控制	支持
接口流量控制	支持
接口隔离	支持
IGMP Snooping	支持
可控组播	支持

6.2.2　业务描述

1. 简介

在认证 ONU 前，新增 EPON ONU 类型模板；配置初次上线的 ONU，并完成其认证过程；在 OLT 上配置 ONU 的带内网管 IP 地址，实现 ONU 的远程管理。为开通数据、语音、视频业务做好前期配置准备。

2. 描述

ZXA10 C220 通过 EPFC/EPFCB 单板支持 EPON 接入业务。每块 EPFC/EPFCB 单板可提供 4 个 EPON 接口，支持 1 : 64 分光比，单机框最多支持 2560 个 ONU 设备。

当系统中不存在某 ONU 类型时，需要新增 EPON ONU 类型模板。可通过“show onu-type epon”命令查看系统缺省存在的 ONU 类型。

3. ONU 认证方式

ZXA10 C220 支持以下 5 种 ONU 认证方式，默认采用 MAC 地址认证方式。

① MAC 地址认证：使用 ONU 的 PON MAC 地址进行认证。

② 逻辑标识认证：使用 ONU 的逻辑 ID 进行认证。

③ SN 认证：使用 ONU 的序列号进行认证。

④ 混合认证：认证标识可以是 MAC 地址、逻辑标识或 SN 中的任何一种。

⑤ SN + MAC 认证：首次入网的 ONU 使用序列号进行认证，再次上线使用 PON MAC

地址认证。

可在EPON配置模式下使用“onu-authentication-mode service”命令修改ONU的认证方式。

修改 0/5 槽位的 ONU 认证方式为 SN 认证，示例如下。

```
ZXAN (config)#epon
ZXAN (config-epon)#onu-authentication-mode service 0/5 sn
ZXAN (config-epon)#exit
```

4. 配置 ONU 数据

EPON OLT 可通过以下两种方式配置 ONU 数据。

（1）带内网管

先建立 ONU 的带内网管通道，然后再登录 ONU 进行配置。通过这种方法配置的数据在 ONU 上，配置后需要在 ONU 上保存数据。通过 ZXA10 C220 的上行端口登录 ONU 带内网管 IP 地址，通过该 IP 地址对 ONU 进行直接配置和升级。

（2）扩展 OAM 配置

EPON 技术提供 OAM 通道方式远程配置数据。这种方式不需要配置带内网管，只需 ONU 注册认证成功即可。配置数据保存在 OLT 上，并通过 EPON 的 OAM 通道下发到 ONU 上生效。

6.2.3　前提条件

① 网络设备和线路正常。

② 上层设备的接口 VLAN 与上行口配置的 VLAN 相对应。

6.2.4　组网图

ONU 注册认证组网如图 6-5 所示。

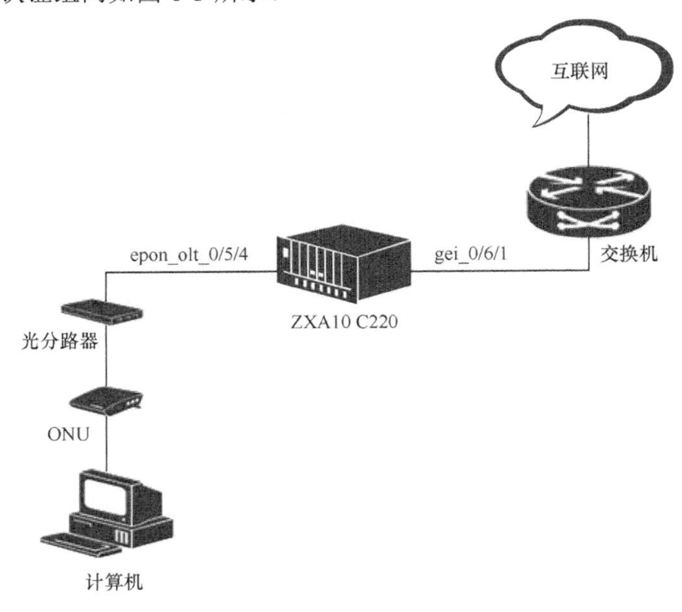

图6-5　ONU注册认证组网

> **说明：**
> 建议将ONU的带内网管IP配置成和ZXA10 C220在同一网管VLAN、同一网段内。这样，只要网管服务器能连通OLT，即可连通ONU。

6.2.5 配置步骤

1. 配置ONU的类型模板

① 使用“configure terminal”命令进入全局配置模式，示例如下。

```
ZXAN#configure terminal
```

② 使用“pon”命令进入PON配置模式，使用“onu-type”命令新增ONU类型模板，示例如下。

```
ZXAN(config)#pon
ZXAN(config-pon)#onu-type ZTE-F460 epon description 4FE,2POTS
```

③ 使用“onu-type-if”命令配置新增ONU类型的用户端口，示例如下。

```
ZXAN(config-pon)#onu-type-if ZTE-F460 eth_0/1-2
ZXAN(config-pon)#onu-type-if ZTE-F460 pots_0/1-2
```

2. ONU认证

① 使用“show onu unauthentication”命令查看未认证的ONU信息，示例如下。

```
ZXAN(config)#show onu unauthentication epon_olt_0/5/4
Onu interface : epon-onu_0/5/4:1
MAC address : 0019.c600.0011
SN :
AuthState State : deny
OnTime : 2022/08/19 11:12:29
```

② 使用“interface”命令进入OLT接口配置模式，示例如下。

```
ZXAN(config)#interface epon-olt_0/5/4
```

③ 使用“onu”命令认证ONU，示例如下。

```
ZXAN(config-if)#onu 1 type ZTE-F460 mac 0019.c600.0011
ZXAN(config-if)#exit
```

④ 使用“show onu authentication”命令查看认证的ONU信息，示例如下。

```
ZXAN(config)#show onu authentication epon-olt_0/5/4
Onu interface : epon-onu_0/5/4:1
Onu type : ZTE-F460
MAC address : 0019.c600.0011
Active status : active
State : Online
LastAuthTime : 2022/08/19 11:12:29
```

⑤ 使用“interface”命令进入ONU接口配置模式，使用“admin enable”命令启动

ONU 接口认证协议，示例如下。

```
ZXAN(config)#interface epon-onu_0/6/4:1
ZXAN(config-if)#admin enable
```

说明：

ZXA10 C220 在 ONU 接口模式下使用“authentication enable”命令启动认证。

3. 配置 ONU 的带内网管 IP 地址

① 使用“configure terminal”命令进入全局配置模式，示例如下。

```
ZXAN#configure terminal
```

使用“vlan”命令创建 ONU 带内网管 VLAN，示例如下。

```
ZXAN(config)#vlan 2600
ZXAN(config-vlan)#exit
```

② 使用“interface”命令进入 ONU 接口配置模式，示例如下。

```
ZXAN(config)#interface epon-onu_0/5/4:1
```

③ 使用“switchport mode”命令修改 PON ONU 接口模式，示例如下。

```
ZXAN(config-if)#switchport mode trunk
```

④ 使用“switchport vlan”命令将 PON ONU 接口以 tag 模式加入网管 VLAN，示例如下。

```
ZXAN(config-if)#switchport vlan 2600 tag
```

⑤ 使用“interface”命令进入 OLT 上行端口模式，示例如下。

```
ZXAN(config)#interface gei_0/6/1
```

⑥ 使用“switchport mode”命令修改 OLT 上行端口模式，示例如下。

```
ZXAN(config-if)#switchport mode trunk
```

使用“switchport vlan”命令将 OLT 上行端口以 tag 模式加入网管 VLAN，示例如下。

```
ZXAN(config-if)#switchport vlan 2600 tag
```

⑦ 使用“pon-onu-mng”命令进入 ONU 远程管理模式，示例如下。

```
ZXAN(config)#pon-onu-mng epon-onu_0/5/4:1
```

⑧ 使用“mgmt-ip”命令设置 ONU 带内网管 IP 地址，示例如下。

```
ZXAN(epon-onu-mng)#mgmt-ip onu-ip 192.2.128.5  255.255.255.0 7 2600 mgm-ip
192.2.128.0  255.255.255.0 192.2.128.1 status enable
```

4. 测试验证

在 OLT 上使用“ping”命令检查 ONU 的带内网管 IP 是否设置成功，示例如下。

```
ZXAN#ping 198.2.128.5
sending 5, 100-byte ICMP echos to 10.1.1.2, timeout is 2 seconds.
!!!!!
Success rate is 100 percent(5/5), round-trip min/avg/max= 0/8/40 ms.
//ping 通则说明 ONU 带内网管设置成功
-- 步骤结束 --
```

6.3 EPON 宽带业务开通

本节以 ZXA10 C220、ZXA10 F460 系列光宽带设备为载体，设计出“EPON 宽带业务开通”实训。希望通过实训，让学生掌握 EPON 宽带业务开通的数据配置过程。

6.3.1 知识准备

EPON 是一种现代光纤接入网技术，相当于以太网中的二层交换机，它采用点到多点结构、无源光纤传输，基于高速以太网封装和 TDM 技术，借助 MAC 方式提供多种综合业务接入的宽带接入技术。

6.3.2 业务描述

1. 简介

EPON 接入作为一种能在宽带和窄带业务环境下提供灵活接入能力的接入技术，可以提供超大带宽接入，并且支持多种速率模式。EPON 接入采用单根光纤为用户提供语音、数据、视频等多种业务服务。本节主要介绍通过配置开通 ONU 的数据业务。

2. 相关信息

ZXA10 C220 通过 EPFC/EPFCB 单板支持 EPON 接入业务。每个 EPFC/EPFCB 单板可提供 4 个 EPON 接口，支持 1∶64 分光比，理论上单机框最大可支持 2560 个 ONU。

EPON 数据业务主要有 FTTH、FTTB、FTTC 三种应用场景。不同的应用场景下的基本配置步骤相同。本节以采用 FTTB 应用中的互联网业务为例介绍基本配置。

6.3.3 组网图

数据业务开通的组网如图 6-6 所示。

用户的计算机连接到 ONU 的 FE 接口，用户数据帧在 ONU 的 FE 接口被打上 VLAN Tag（用户侧 VLAN），并根据用户侧 VLAN 将用户数据分发到各自的业务通道，ZXA10 C220 完成 VLAN Tag 的转换（即用户侧 VLAN 到上行 VLAN 的转换），并将数据经上行端口发送出去。

图 6-6 所示的组网适用于实验环境。实验环境中，ONU 上网采取静态 IP 地址方式。而实际工程环境往往需要采取 PPPoE 拨号方式，要加入 BRAS 设备。

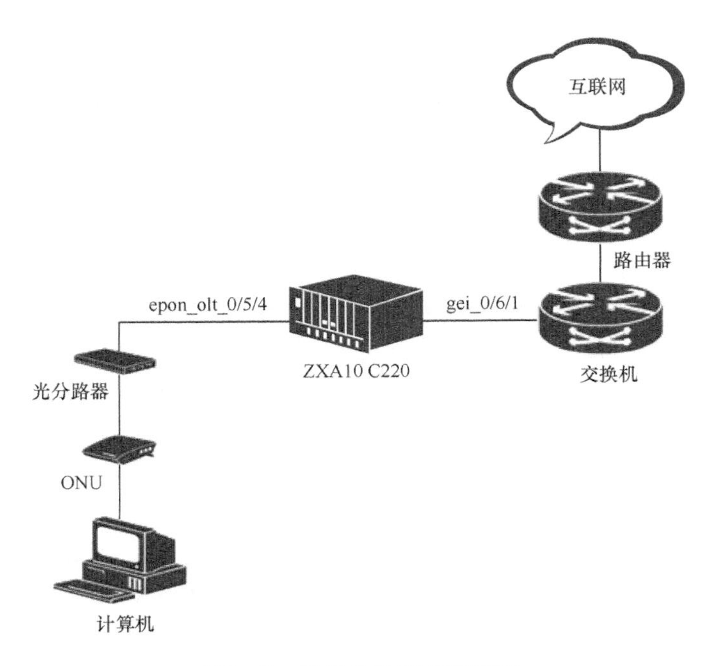

图6-6　数据业务开通的组网

6.3.4　配置步骤

① 创建数据业务 VLAN，示例如下。

```
ZXAN#configure terminal
Enter configuration commands, one per line. End with CTRL/Z.
ZXAN(config)#vlan 100
ZXAN(config-vlan)#exit
ZXAN(config)#
```

② 配置 OLT 上行 VLAN，示例如下。

```
ZXAN(config)#interface gei_0/6/1
ZXAN(config-if)#switchport mode trunk
ZXAN(config-if)#switchport vlan 100 tag
ZXAN(config-if)#exit
```

说明：

通过“show vlan summary”命令，可以查询到当前已创建的 VLAN 信息。

路由器侧需要配置数据业务相关的 IP 路由条目。

③ 认证 ONU。

参见本书 6.2 节的配置过程。除了认证 ONU，还要创建带内管理 VLAN 等参数。

④ 设置 ONU 的上下行带宽，示例如下。

```
ZXAN(config-if)#sla upstream maximum 5120
ZXAN(config-if)#sla downstream maximum 10240
```

⑤ 配置 PON ONU 接口 VLAN，示例如下。

```
ZXAN(config-if)#switchport mode trunk
ZXAN(config-if)#switchport vlan 100 tag
ZXAN(config-if)#exit
```

⑥ 进入 ONU 接口模式，将业务 VLAN 加入该接口，示例如下。

```
ZXAN(config)#interface epon_onu_0/5/4:1
ZXAN(config)#switchport mode trunk
ZXAN(config)#switchport vlan 100 tag
```

⑦ ONU 侧数据配置。

C 网线连接至 ZXA10 F460 的 LAN 接口，在浏览器中输入 IP 地址，进入登录界面；输入用户名（admin）和密码（admin），进入管理界面。ZXA10 F460 的登录界面如图 6-7 所示，管理界面如图 6-8 所示。

进入 ZXA10 F460 的管理界面后，单击“网络”选项，填写图 6-8 所示的相关参数。填写完成后，单击“创建”按钮，完成 ONU 侧数据业务的配置。连接模式根据环境可选择 Static、DHCP、PPPoE，本文以 Static 静态地址为例，而实际工程中往往采用 PPPoE 连接方式。

图6-7　ZXA10 F460的登录界面

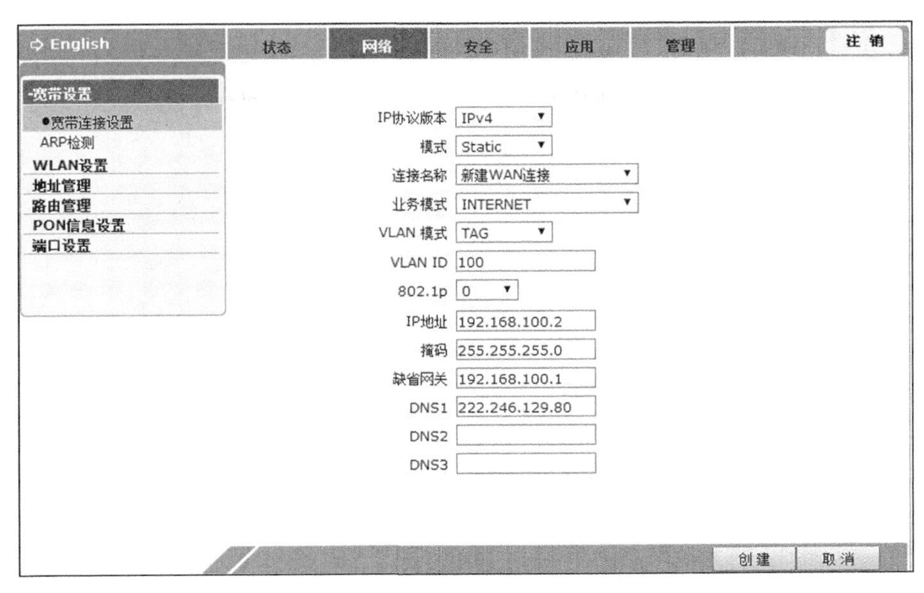

图6-8　ZXA10 F460的管理界面

⑧ 验证测试：计算机连接 LAN 接口，可正常连接互联网。

说明：

若 ONU 能正常连接互联网，则需要路由器侧有 ONU 数据业务 IP 的路由条目。

6.4 EPON VoIP 业务配置

6.4.1 ZXECS IBX1000 的配置

1. 知识准备

（1）VoIP 的原理

VoIP 以 IP 分组交换网络为传输平台，对模拟语音信号进行压缩、打包等处理，使之可以采用无连接的 UDP 进行传输。传统的电话网以电路交换方式传输语音，要求的传输带宽为 64kbit/s。

（2）VoIP 的传输过程

最简单的语音通信由两个或多个具有 VoIP 功能的设备组成，这一设备通过 IP 网络连接。VoIP 的传输过程如图 6-9 所示。可以看出，具有 VoIP 功能的设备是如何把语音信号转换为 IP 数据流，并把这些数据流转发到 IP 目的地，IP 目的地又把它们转换回到语音信号的。两个设备之间的网络必须支持 IP 传输，且可以是 IP 路由器和网络链路的任意组合。

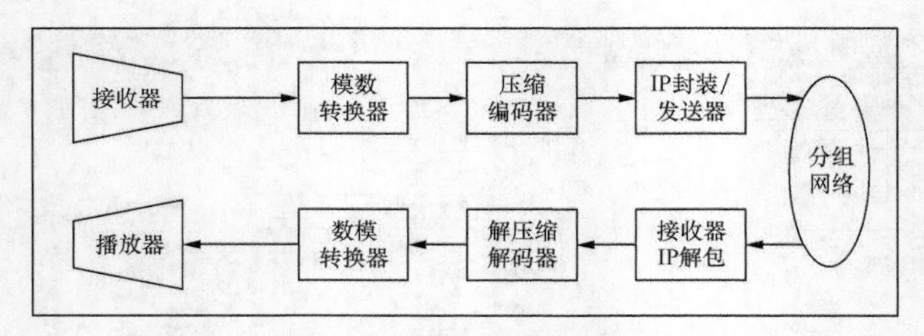

图6-9　VoIP的传输过程

（3）VoIP 的常用协议

VoIP 所涉及的协议分为两大类：信令协议和媒体协议。

信令协议用于建立、维护和拆除一个呼叫连接，如 H323，MGCP，H248，SIP。

媒体协议用于建立呼叫连接后语音数据流的传送，如实时传输协议（RTP），RTCP，T38 和语音编解码协议等。

（4）ZXECS IBX1000

ZXECS IBX1000 是一款功能齐全的一体化综合业务交换设备，将全套的语音、数据、互联网服务和丰富的增值业务应用整合到单个系统中，以模块化的形式提供企业所需的各种功能；能够提供多种类型的业务接口，并采用 IP-PBX 技术结合行之有效的业务软件技术，满足不同用户的需求；主要功能有 IP-PBX 业务、数据业务、补充业务、增值业务和 AT 穿越代理等。

（5）ZXV10 I508C

ZXV10 I508C 是一款综合接入设备（IAD），主要利用 VoIP 技术在 IP 网络上传输语音。因此，它不仅需要支持传统程控交换终端设备的各种语音功能，还需要支持分组 IP 网络上的数据业务功能。ZXV10 I508C 接口侧示意如图 6-10 所示。ZXV10 I508C 接口的说明见表 6-9。

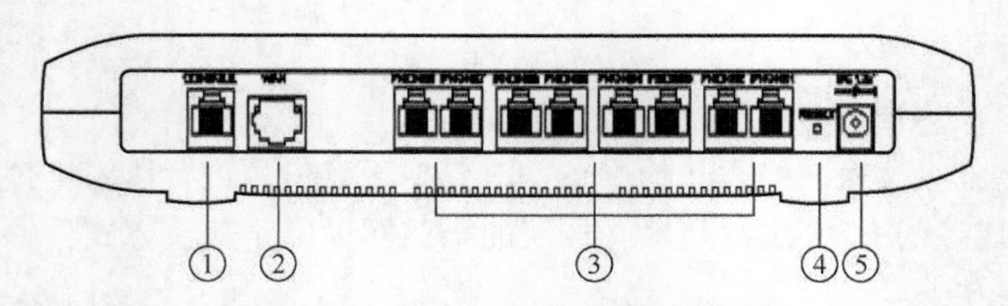

图6-10　ZXV10 I508C接口侧示意

表6-9　ZXV10 I508C接口的说明

序号	标识	描述
1	CONSOLE	配置接口，通过RS232和计算机的接口相连，实现对各种业务的管理与配置
2	WAN	通过网线与以太网相连

续表

序号	标识	描述
3	PHONE1–8	FXS接口，用于连接普通电话机。ZXV10 I508C上电且网络正常时，用户可以使用呼入呼出功能
4	RESET	当ZXV10 I508C处于上电运行状态时，持续按住该键10s以上，可将设备恢复出厂配置
5	DC 12V	电源接口，与电源适配器相连

2. 业务描述

ZXECS IBX1000 为 VoIP 业务提供 SIP 注册服务。本节主要通过 ZXV10 I508C 向 ZXECS IBX1000 注册，开通 VoIP 业务。EPON VoIP 业务开通过程中，ZXECS IBX1000 模拟成运营商的语音交换网，通过 ZXV10 I508C 注册到 ZXECS IBX1000 上后，与模拟电话之间进行正常语音通话。

3. 前提条件

网络设备和线路正常。

4. 组网图

ZXECS IBX1000 的配置组网如图 6-11 所示。

5. 配置步骤

（1）数据规划

① 计算机网口 1 地址：添加 192.168.10.0/24。

② ZXECS IBX1000。

MCU：192.168.10.1/24；LAN：192.168.10.2/24。

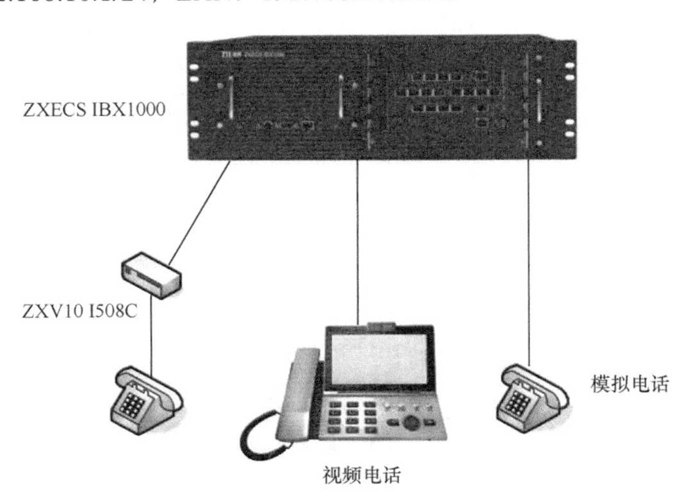

图6-11　ZXECS IBX1000的配置组网

③ 视频电话。

IP 地址：192.168.10.101/24；网关：192.168.10.1；服务器地址：192.168.10.1。

④ ZXV10 I508C。

IP 地址：192.168.10.102 / 24；网关：192.168.10.1；服务器地址：192.168.10.1；端口：5060。

⑤ 电话号码。

模拟电话：号码 999101 ～ 999104；用户密码 123；域名 123。

ZXV10 I508C 下的模拟电话：888102；用户密码 123；域名 123。

视频电话：号码 666101；用户密码 123；域名 123。

（2）ZXECS IBX1000 号码参数配置

在登录界面输入用户名和密码，进入交换机配置界面。

单击“添加”按钮，用户类型选“模拟用户”，批量添加 999101 ～ 999104 这 4 个电话号码；完成后单击“保存”按钮，如图 6-12 所示。

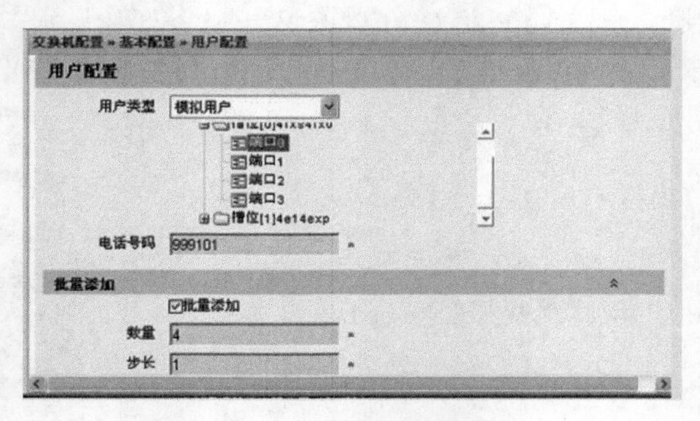

图6-12　添加模拟用户

（3）添加 SIP 用户

在用户配置界面单击“添加”按钮，用户类型选“SIP 用户”，添加 SIP 用户如图 6-13 所示。可分别添加电话号码 888102、用户密码 123、域名 123 和电话号码 666101、用户密码 123、域名 123，完成后单击“保存”按钮。

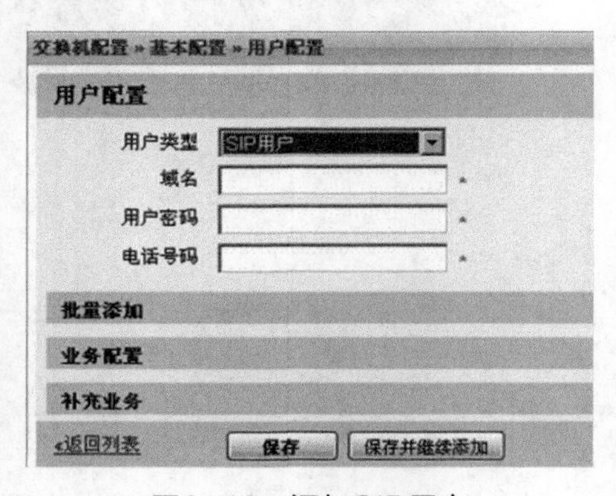

图6-13　添加SIP用户

（4）配置路由表

添加 6、8 和 9 的路由表。在号码前缀处分别填写 6、8、9；号码长度为 6、最大长度为 24、路由号为 255，完成后单击“保存”按钮，如图 6-14 所示。

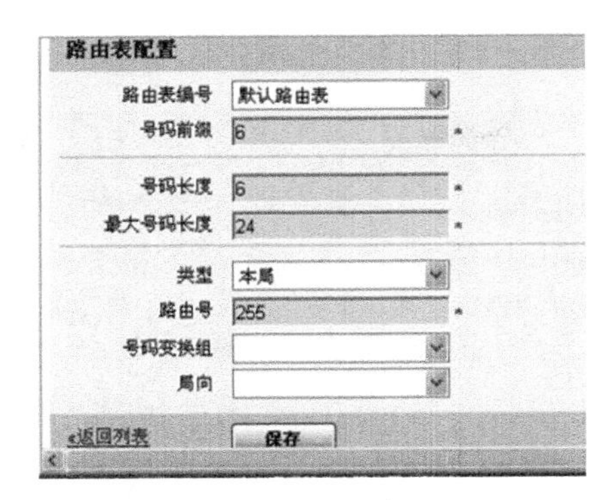

图6-14　路由表配置

（5）配置 ZXV10 I508C 参数

① 计算机网口 2 与 ZXV10 I508C 的以太网口连接后，设置计算机网口地址。在浏览器的地址栏输入 ZXV10 I508C 的缺省地址，进入登录界面（用户名和密码均为 admin），如图 6-15 所示。

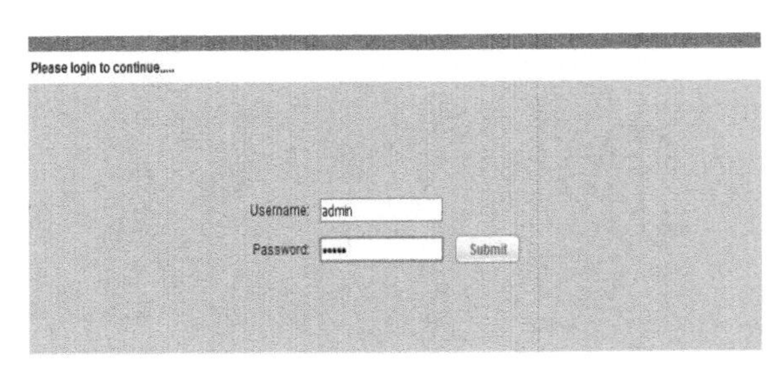

图6-15　登录界面

② SIP 的配置如图 6-16 所示，单击“VoIP”→“VoIP Protocol”，开始配置 SIP；Proxy Server :192.168.10.1，端口 : 5060，Account : 888102，Password : 123，Auth Username : 123，勾选“Enable”；完成后单击“Submit”按钮。

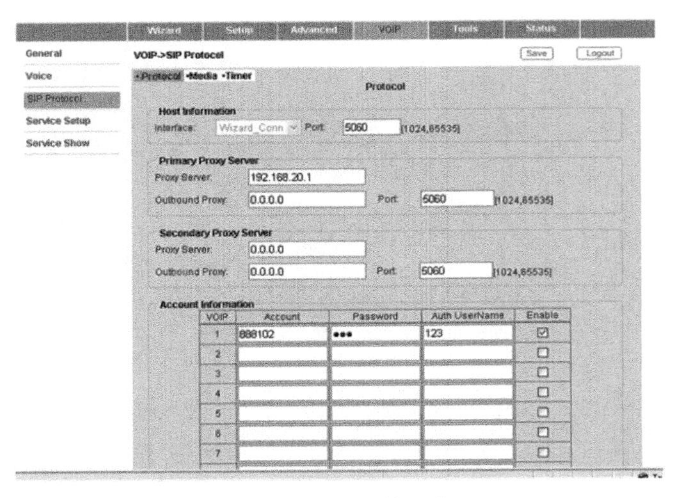

图6-16　SIP的配置

③ 单击“Wizard”，选择“Static”，然后单击“Next”按钮，如图 6-17 所示。

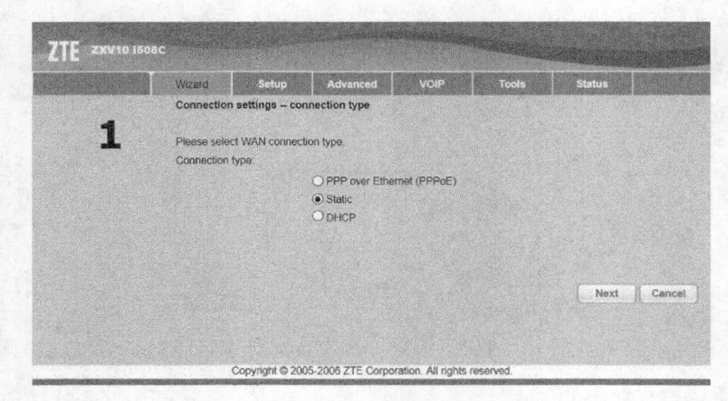

图6-17　选择“Static”

④ 添加地址如图 6-18 所示，在 WAN IP Address 处填 192.168.10.102，WAN Mask 处填 255.255.255.0，Gateway 处填 192.168.10.1，DNS Server 处填 192.168.10.1，完成后单击“Next”按钮。

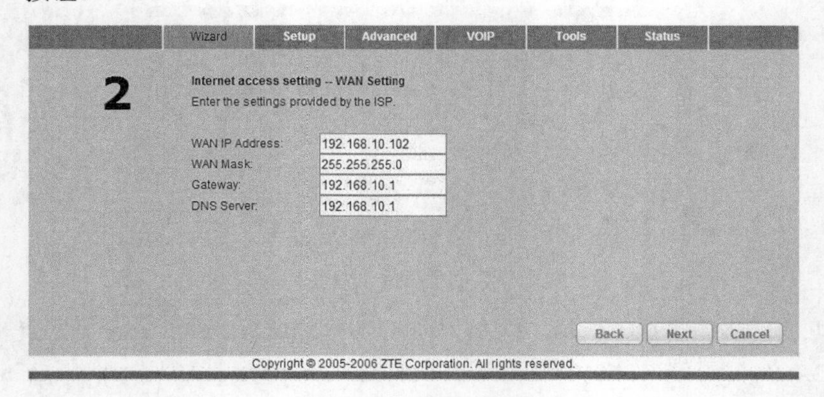

图6-18　添加地址

⑤ 设置代理如图 6-19 所示，在 Proxy Address 处填 192.168.10.1，Account 处填 888102，Password 处填 123，Auth UserName 处填 123。完成后单击“Next”按钮。

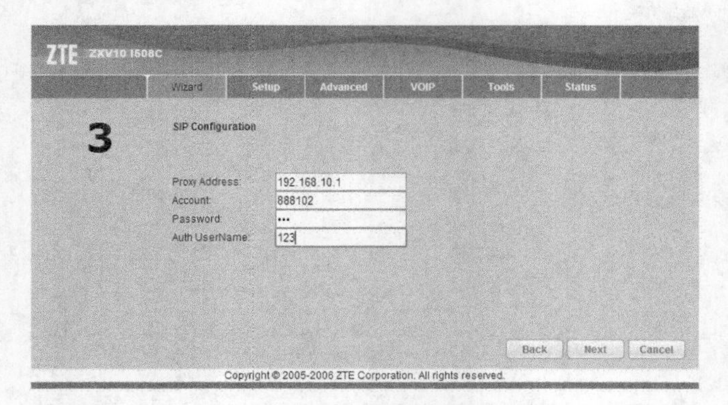

图6-19　设置代理

⑥ 配置完成后会出现如图 6-20 所示信息。检查确认后，单击“Submit”按钮，重启 ZXV10 I508C。

若 ZXV10 I508C 重启，则表示配置生效。

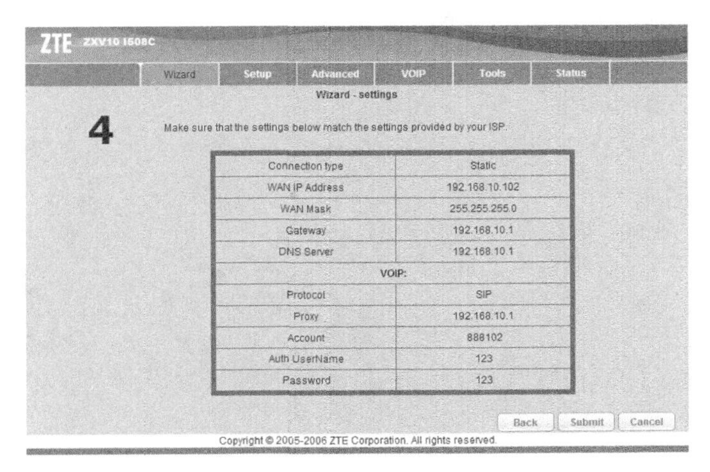

图6-20　检查确认

（6）实训结果

在 ZXECS IBX1000 处观察所配号码是否注册。

号码待注册成功后，拨打测试电话。

记录拨打测试结果，测试记录表示例见表 6-10。

表6-10　测试记录表示例

主叫	被叫	结果（通或不通）
666101	888102	
666101	模拟电话	
888102	模拟电话	

6.4.2 EPON VoIP-SIP 业务配置

本节的学习目标是开通 EPON VoIP-SIP 业务，通过实训，让学生掌握 ZXA10 C220 系列设备 VoIP 业务开通配置过程。希望学生能根据 EPON 宽带接入需求，独立完成 VoIP 业务开通配置。

1. 知识准备

本节通过 EPON，在 ONU 上开通 VoIP-SIP 业务，并组建一个小型软交换网络。

2. 业务描述

VoIP 业务是指将接收到的模拟语音信号经压缩、打包等处理后，利用 IP 分组交换网络进行传输。

ZXA10 C220 通过 EPON 接口接入远端 ONU，为用户提供 VoIP 业务。本节介绍了通过扩展 OAM 配置 VoIP 业务的步骤。在这种方式中，所有配置都在 OLT 上完成，不需要登录 ONU 配置数据。

ZXA10 C220 通过 xPON 板将 VoIP 业务接入 IP 网络，VoIP 业务在 ONU 上实现。本节以 SIP 为例介绍 VoIP 业务的配置。

3. 前提条件

① 网络设备和线路正常。

② EPON 业务单板状态正常。

4. 组网图

VoIP 业务组网如图 6-21 所示。

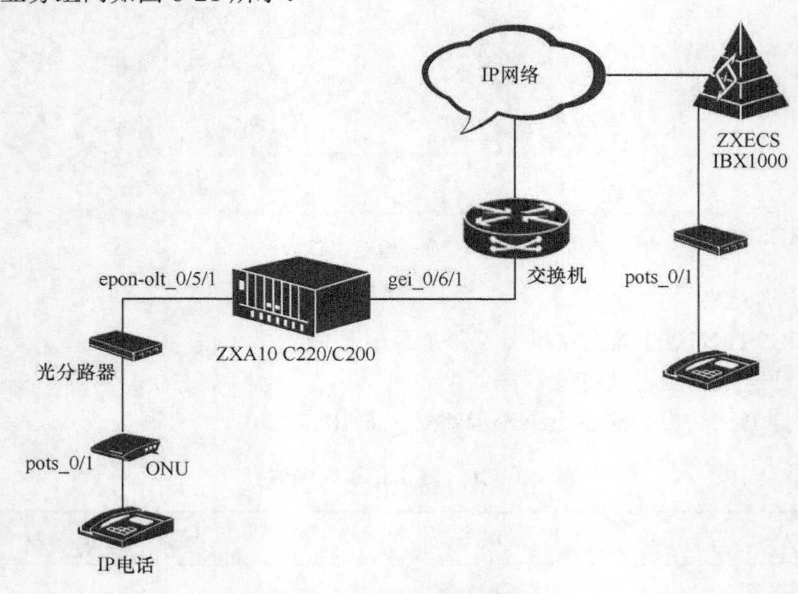

图6-21　VoIP业务组网

5. 配置步骤

① 数据规划。

VoIP 业务的数据规划见表 6-11。

表6-11　VoIP业务的数据规划

配置项	数据
VLAN	VoIP VLAN :10；管理VLAN:100
上行端口	gei_0/6/1
OLT接口	0/5/1
ONU	型号：ZXA F460 MAC地址：0015.eb71.2d5a ONU-ID：5

续表

配置项	数据
ONU带宽	上行：5Mbit/s，下行：10Mbit/s
VoIP模板	模板名称：TestProfile 语音IP地址和管理IP地址关系：独立 语音IP地址模式：静态分配 网关：192.168.10.1/24
VoIP VLAN模板	模板名称：vlan_200 VLAN Tag处理模式：tag VoIP VLAN ID：200 优先级：7
VoIP SIP模板	模板名称：sip 心跳模式：enable 心跳周期：默认值20s 心跳次数：默认值3次 注册间隔：默认值3600s
MG	IP地址：192.168.10.1

② ZXECS IBX 1000 语音参数配置。

在 ZXECS IBX 1000 上创建两个 SIP 用户，电话号码为 11001 和 11002，用户名和密码都填 123，具体配置参照本书 6.2 节配置过程。

③ ZXV10 I508C 配置。

创建语音号码 11001，用户名：123，密码：123。注册服务器：192.168.10.1（ZXECS IBX1000 的 IP 地址）。DNS:192.168.10.1 具体配置参照 6.4 节配置过程。

④ ONU 认证和注册。

参见 6.2 节配置过程。除认证 ONU 外，还需要将配置好带内网管。

⑤ 管理 VLAN 和 OAM 配置。

创建管理 VLAN 100，ONU IP 地址为 192.168.100.102/24。具体配置过程参见本书 6.2 节。

⑥ 创建 VoIP VLAN，在全局模式下输入 vlan 10，示例如下。

```
ZXAN(config)#vlan 10
ZXAN(config-vlan)#exit
```

⑦ 上行端口配置，示例如下。

```
ZXAN(config)#interface gei_0/6/1
ZXAN(config-if)#switchport vlan 10 tag
ZXAN(config-if)#exit
```

⑧ 配置 VoIP VLAN模板，示例如下。

```
ZXAN(config)#epon
ZXAN(config-epon)#VoIP-vlan profile vlan_200 tag-mode tag cvlan 200 priority 7
```

⑨ 配置 VoIP 协议模板和 VoIP 模板，示例如下。

```
ZXAN(config-epon)#sip-profile SIP register-serverip 192.168.10.1 port 5060
ZXAN(config-epon)#sip-profile SIP proxy-server ip 10.63.172.55 port 5060
/ 配置 VoIP 模板 /
ZXAN(config-epon)#VoIP-ip profile testprofile relation independent mode static
gateway 192.168.10.1
```

在 ONU 上应用模板并创建电话号码为 11002、用户名和密码都为 123 的 SIP 用户，示例如下。

```
ZXAN(config)#pon-onu-mng epon-onu_0/5/1:5
ZXAN(epon-onu-mng)#VoIP-module global-profile apply ip testprofile vlan vlan_200
ZXAN(epon-onu-mng)#VoIP-module protocol-profile apply sip SIP
ZXAN(epon-onu-mng)#VoIP ip-address 192.168.10.102 mask 255.255.255.0 slot 1
ZXAN(epon-onu-mng)#VoIP sip-user account 11002 name 123 password 123 interface
pots_1/1
ZXAN#write
```

⑩ 语音拨打测试。

将电话机 1 连接 ZXA F460 的 pots_1/1（电话 11001），电话机 2 连接 ZXV10 I508C 的 tel 1（电话号码 11002）。用电话 1 拨打电话 2，并记录测试结果。

6.5 EPON 组播业务开通

本节以 ZXA10 C220 系列光宽带设备为载体，设计出“组播业务开通”实训。希望通过实训，让学生掌握 EPON OLT 组播业务开通配置过程。

6.5.1 知识准备

1. EPON 组播功能介绍

EPON OLT 的组播业务属于二级组播，原理如图 6-22 所示。首先是 PON 设备中交换板的组播，将业务从组播源组播到相应的 PON 的 OLT 接口，然后是 PON 的 OLT 将组播业务组播到相应的 ONU 用户。交换板的组播是一个标准的 L2 交换机的组播，而由于 PON 下行的特殊性，PON 的组播实际是一个广播，该 OLT 下的所有 ONU 都可以接收这个组播业务，但 ONU 有组播过滤功能，也就是在 ONU 芯片上允许配置 N 个组播条目，当组播业务从 OLT 广播到 ONU 时，只有该组播业务的组播 MAC 地址与这 N 个配置的组播条目匹配的业务流才允许发送给用户，其他的组播业务在 ONU 处已被过滤。

2. EPON 的 ONU 分类

EPON 的 ONU 主要可以分成以下 3 种。

类型一：用于家庭，对于用户宽带业务提供 1 个或多个网口，工作在桥接方式，ONU 设备实现简单，成本低。

类型二：用户家庭，实际是一个家庭网关，比较复杂的协议既可以运行在 L2 桥接方式，也可以运行在 L3 转发方式。

类型三：用于类似 FTTB 的方式，大型 OLT 下接小型的接入设备，该小型接入设备运行比较复杂的协议，并接入楼内的各个家庭用户。对于这种设备，OLT 不进行组播控制，只负责把组播数据传递下去。

为保证综合组播性能，尤其是频道切换时间，ZXA10 C220 组播业务控制点的部署方式如下：对于类型一，组播控制在 OLT 端完成；对于类型二和类型三，组播控制在 ONU 上完成。

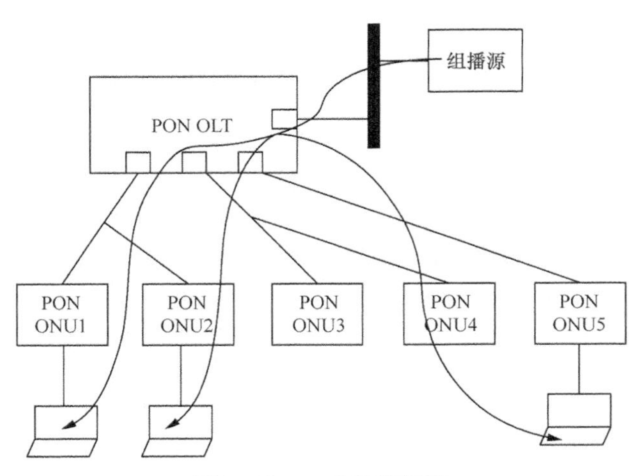

图6-22　二级组播原理

3. 组播实现方式

在 EPON 系统中，采取“SCB[1] + IGMP”的方式实现组播业务的分发，利用基于 OAM 的组播控制报文实现组播业务的控制和管理功能。

在 PON 接口上，OLT 通过广播 LLID 信道以 SCB 方式将组播内容分发给所有 ONU。

PON 系统应支持采用 IGMP 方式和动态可控组播协议。IGMP 方式是指 OLT 利用 IGMP Proxy、ONU 利用 IGMP Snooping 实现对组播组成员的管理。主要是通过 IGMP Join/Leave 和 query 消息实现组播组成员的动态加入 / 退出和维持。EPON 系统通过 UNI 的组播 VLAN 配置实现简单的用户组播权限控制，更复杂的业务权限控制由 IPTV 业务平台实现。

动态可控组播协议的核心思想是 OLT 基于 IGMP 控制报文携带的用户标识信息进行用户鉴权，并通过扩展 OAM 消息控制 ONU 对组播数据报文的转发控制。

EPON 系统支持组播 VLAN。OLT 上划分组播专用 VLAN，即组播业务使用一个

1. SCB（Single Copy Broadcast，单复制广播）是PON 系统提供的一种数据传输方式。

或者多个专用于组播业务的 VLAN 实现与其他业务相隔离，一个组播 VLAN 对应一个组播频道或者一个频道组（指一个权限统一管理的组播频道的集合）。一个组播频道仅属于一个特定的组播 VLAN。在 SCB 信道中传送的组播业务流均带有组播 VLAN tag。用户的其他数据流（包括单播业务以及上行的 IGMP 报文等）划入另外的单播 VLAN/CVLAN。

4. 可控组播实现流程

用户机顶盒在申请特定组播频道业务时，会向上行发送 IGMP Join 报文。该 Join 报文进入 ONU 的以太网用户端口。对于类型 1 和类型 2 的 ONU，该 ONU 对应一个用户。对于类型 3 的 ONU，一个以太网用户端口对应一个用户。ONU 接收到上行的 IGMP Join 报文后，打上标识用户的单播 VLAN/CVLAN。对于 ONU 下挂以太网交换机的情况，ONU 的 UNI 应支持 VLAN Trunk，并通过透传用户 VLAN 或者通过 VLAN Translation 方法保证每个用户的 IGMP 报文具有不同的单播 VLAN/CVLAN。对于存在多个 UNI 的类型 1、类型 2 的 ONU，可能多个 UNI 属于相同的单播 VLAN/CVLAN，因此各 UNI 接收到的 IGMP Join 报文也打上相同的单播 VLAN/CVLAN。然后，ONU 按照 IGMP Snooping 的方式，将 IGMP Join 报文透传给 OLT。

OLT 接收到 IGMP Join 报文后，根据用户标识、该 Join 报文的组播 IP 地址及源 IP 地址（仅用于 IGMP V3）查询该用户对该频道的访问权限及其参数。根据用户不同的访问权限，可以将 EPON 系统的实现流程分为以下 3 种情况。

① 当该用户对该频道的访问权限为“允许”时，OLT 通过一个扩展的组播控制 OAM 报文通知 ONU 增加一个组播转发表项。该表项表明该用户端口对该频道的访问权限为“允许”。

② 当 OLT 查表结果表明该用户对该频道的访问权限为“禁止”时，OLT 不做任何其他操作，ONU 也不做任何操作。当机顶盒在一定时间内没有收到任何 IGMP 消息和组播业务流时，会结束对该频道的申请。

③ 当 OLT 查表表明该用户对该频道的访问权限为“预览”时，OLT 通过一个扩展的组播控制 OAM 报文通知 ONU 增加一个（临时的）组播转发表项。

5. OLT 的组播控制功能

OLT 应维护用户组播业务权限控制表，以实现用户组播的集中控制和管理。

支持的组播功能如下。

① 通过本地 CLI 和 EMS 对其用户组播权限控制表的查询和配置。

② 根据其 PON 接口下的用户对特定频道的访问权限，利用 IGMP Proxy 功能动态管理组成员信息，以申请和取消组播业务流。

③ 频道预览应能够针对单次预览的持续时长、预览次数、预览间隔时长设定；也应能够针对预览总时长设定。应具有预览权限复位功能，可通过设定时间方式进行自动复位。

④ 支持呼叫信息记录（CDR）功能，记录用户的基本访问信息。

⑤ 支持 3 种方式将 CDR 信息定时同步到管理系统，以确保 CDR 信息不丢失：支持

对每个用户可同时申请的组播业务频道数量的控制（一个计数器），且每个用户可同时申请的组播频道数应可配置；支持组播业务静态直接送抵和动态申请送抵的两种业务传输方式。

6. ONU的组播控制功能

ONU设备支持的组播功能如下。

① 支持对广播LLID的解析处理。

类型1和类型2的ONU采用IGMP Snooping方式进行本地的组播组成员管理，并根据其本地组播组地址过滤和组播业务转发控制表进行组播业务流的转发。ONU应支持扩展的Multicast Control OAM功能，并按照该OAM报文的要求，动态更新其本地组播组地址过滤和组播业务转发表。

② 支持对Fast Leaving功能的本地配置，即ONU可以配置为Fast Leaving模式，也可以配置为超时模式。

7. 组播性能要求

OLT设备支持255个以上的组播组。对于类型3的ONU，单个用户端口同时支持的组播组数量不少于4个，ONU整体组播组数量为4×用户端口数。

对于类型1和类型2的ONU，同时支持的组播组总数不少于16个。在组播流已递送到ONU设备的情况下，用户终端从发送IGMP请求报文到ONU设备开始向该用户终端发送组播数据报文的时间应不超过100ms。在Fast Leave模式下，用户终端从发送IGMP离开报文到ONU停止向该用户终端发，传送组播数据报文的时间应不超过100ms。

6.5.2　业务描述

1. 描述

随着多媒体视频和数据仓库等流媒体在IP网络中的出现，组播应用逐渐成为新的业务需求。组播业务主要应用在流媒体、远程教育、视频会议、视频组播（网络电视）、网络游戏、数据复制，以及其他任意的点到多点的数据传送应用。ZXA10 C220具有电信级的组播运营能力，可以支持组播协议和可控组播，实现从用户到网络的全套协议支持，为宽带组播增值业务和组播业务管理开展提供了基础。通过此任务配置以EPON接入方式提供的IGMP Snooping模式的组播业务。

2. 相关信息

本实训通过Windows操作系统的组播流媒体搭建组播源，OLT工作在组播的Snooping模式，ONU连接计算机观看组播视频源。

3. 前提条件

① 网络设备和线路正常。

② EPON业务单板状态正常。

4. 组网图

EPON组播业务开通组网如图6-23所示。

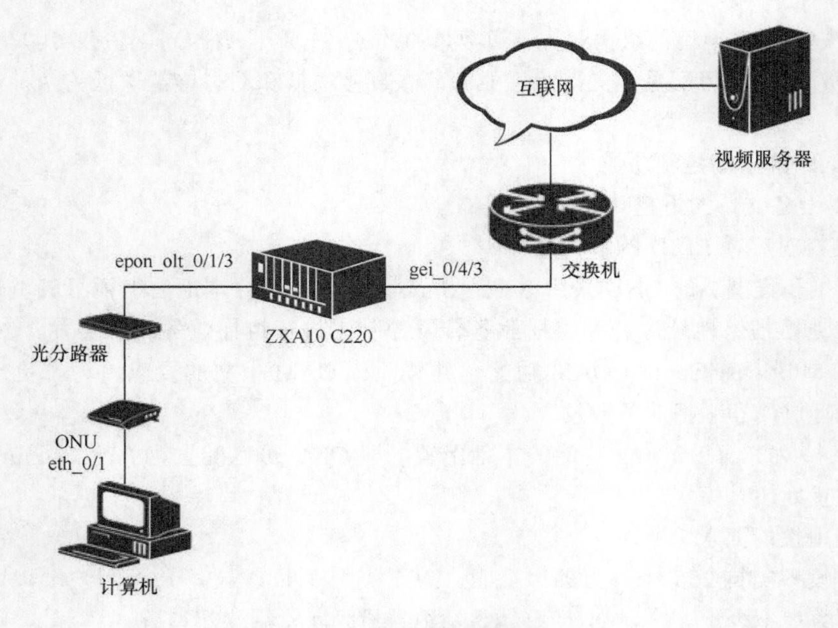

图6-23　EPON组播业务开通组网

5. 配置步骤

（1）数据规划

IGMP Snooping 组播业务配置的数据规划见表 6-12。

表6-12　IGMP Snooping组播业务配置的数据规划

配置项	数据
组播业务VLAN（MVLAN）	VLAN ID:500
上行端口	0/4/3
用户端口	0/1/3
组播组地址	239.1.2.3 端口号：1234
ONU	型号：ZTE-F460 MAC地址：0019.c600.0011
组播用户	接1号FE接口

（2）配置视频服务器视频组播流

以 Windows 操作系统 VLC media player 软件作为视频组播源。

① 在视频服务器安装 VLC media player 软件。

下载 VLC media player 软件并安装，准备好作为组播视频流的视频文件。

② 打开 VLC media player 软件，选择“打开文件”，配置组播源，如图 6-24 所示。

③ 选择预先准备的视频文件，勾选“串流输出”复选框，选择视频文件，然后单击“设

置”按钮，配置组播流如图 6-25 所示。

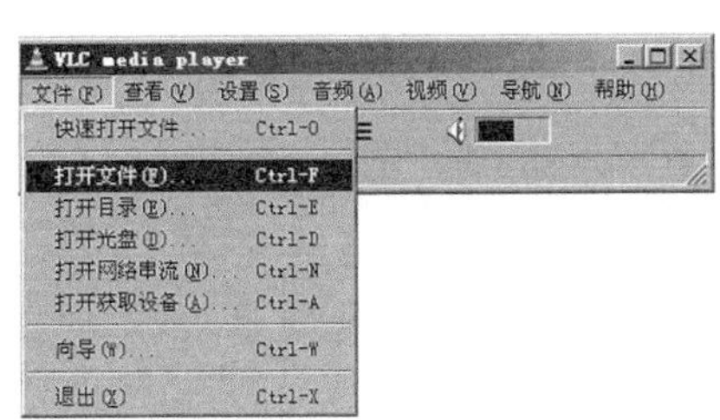

图6-24　配置组播源

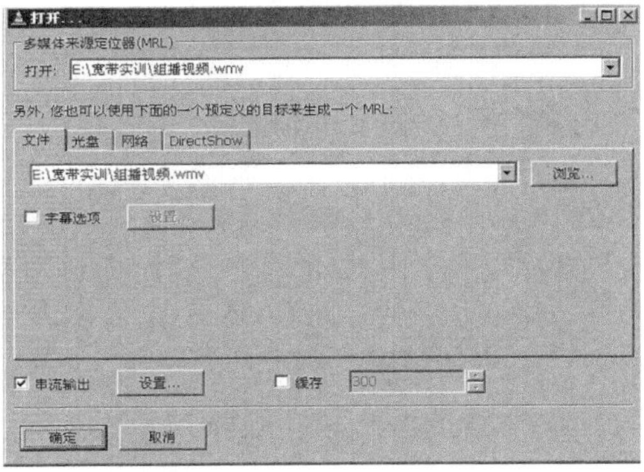

图6-25　配置组播流

④ 配置组播流地址如图 6-26 所示，勾选“本地播放”和“RTP”复选框，填写 239.1.2.3，端口填写 1234；然后单击“确定”按钮，开始播放视频。

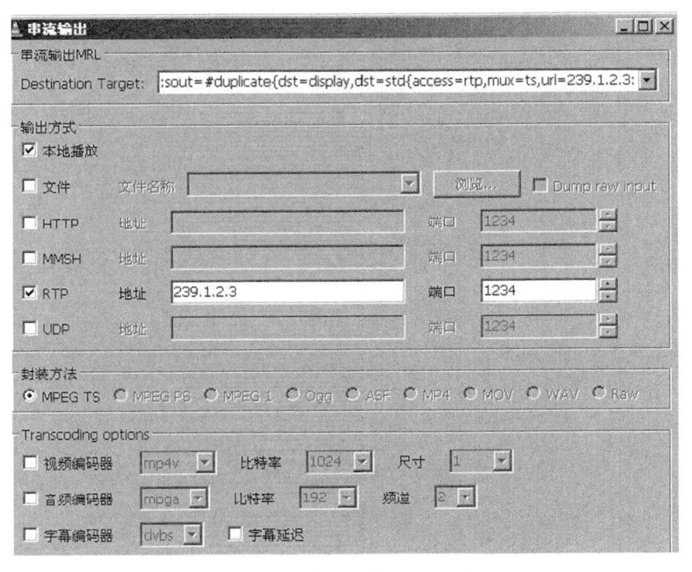

图6-26　配置组播流地址

（3）创建组播 VLAN

登录 OLT 后，在全局模式下输入“vlan 500”，示例如下。

```
ZXAN(config)#vlan 500
ZXAN(config-vlan)#exit
```

（4）配置 OLT 上行端口 VLAN

在 OLT 上行端口模式下输入，示例如下。

```
ZXAN(config-if)#switchport mode trunk
ZXAN(config-if)#switchport vlan 500 tag
```

上行端口配置完成后，需要将对端相连交换机端口也配置为trunk模式，并且将vlan 500以tag方式加入该端口。

（5）ONU的认证

参见本书6.4节的配置过程。

（6）配置PON ONU VLAN

配置PON ONU VLAN，示例如下。

```
ZXAN(config-if)#switchport mode trunk
ZXAN(config-if)#switchport vlan 500 tag
ZXAN(config-if)#exit
```

（7）配置IGMP Snooping全局参数

打开全局IGMP开关，其余参数均使用系统缺省值，示例如下。

```
ZXAN(config)#igmp enable
```

（8）配置组播VLAN

① 配置MVLAN，示例如下。

```
ZXAN(config)#igmp mvlan 500
```

② 配置MVLAN的IGMP模式，示例如下。

```
ZXAN(config)#igmp mvlan 500 work-mode snooping
```

③ 配置组播组，示例如下。

```
ZXAN(config)#igmp mvlan 500 group 239.1.2.3
```

当组播组IP地址连续时，可批量配置，示例如下。

```
ZXAN(config)#igmp mvlan 500 group 239.1.2.3 to 239.1.2.6
```

④ 配置MVLAN源端口，示例如下。

```
ZXAN(config)#igmp mvlan 500 source-port gei_0/4/3
```

⑤ 配置MVLAN接收端口，示例如下。

```
ZXAN(config)#igmp mvlan 500 receive-port epon-onu_0/1/1:2
```

（9）配置ONU上的组播数据

① 进入ONU远程管理配置模式，配置ONU组播协议，工作在Snooping模式，示例如下。

```
ZXAN(config)#pon-onu-mng epon-onu_0/1/3:1
ZXAN(epon-onu-mng)#multicast switch igmpsnooping
```

② 配置ONU快速离开使能，示例如下。

```
ZXAN(epon-onu-mng)#multicast fastleave enable
```

③ 配置 ONU 用户端口组播 VLAN，示例如下。

```
ZXAN(epon-onu-mng)#vlan port eth_0/1 mode tag vlan 500 priority 0
ZXAN(epon-onu-mng)#multicast vlan port eth_0/1 add vlanlist 500
ZXAN(epon-onu-mng)#multicast vlan tag-strip port eth_0/1 enable
```

（10）结果测试

将安装 VLC media player 软件的测试计算机，连接 ONU 的 eth_0/1 接口，并且 IP 地址设置与流媒体服务器在同一网段。然后打开 VLC media player 软件，选择“媒体—打开网络串”，如图 6-27 所示。

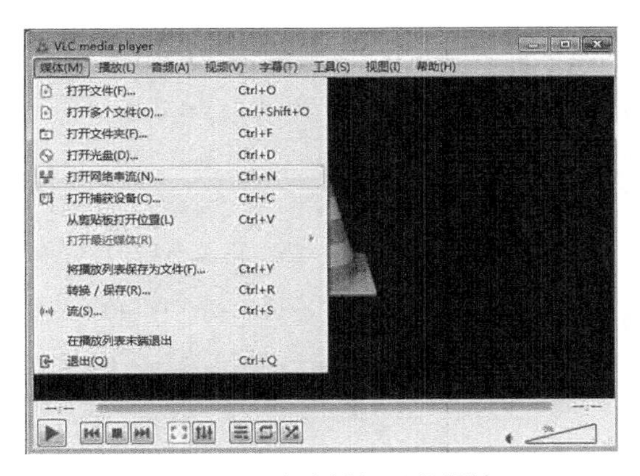

图6-27　客户端打开组播流

输入组播地址如图 6-28 所示。在“请输入网络 url”中输入“rtp://@224.1.1.1:1234”，此时若能播放视频服务器的视频文件，则本次任务成功。

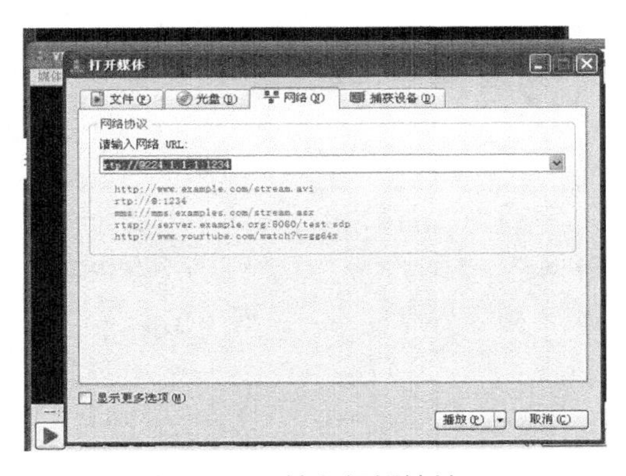

图6-28　输入组播地址

第 7 章　GPON 的配置与业务开通

【项目引入】

相较于 EPON，GPON 拥有更高的单接口接入速率和更低的传输时延，能够在有效降低用户接入成本的基础上，带来更好的用户体验，被广泛应用于实际工程。GPON 的配置与 EPON 的配置思路基本相同，但也有所区别。

学习本章内容，对培养学生全面掌握 PON 的设备配置和业务开通配置、PON 系统联合调试技能具有重要意义，能够有效训练学生的系统性、专业性思维，培养学生发现问题、分析问题和解决问题的工程实践能力，并培养学生的工程思维习惯，为实现学生所学与行业应用接轨起到关键作用。

【知识要点】

- 掌握机架、机框、单板添加，设备文件查询、删除等操作。
- 熟悉 GPON OLT、ONU 的初始化配置。
- 掌握 GPON ONU 的管理操作。
- 掌握 GPON OLT 带内网管和带外网管 IP 地址的配置方法。
- 掌握 GPON 宽带业务、组播业务、VoIP 业务的开通配置。

7.1　GPON OLT 的基本操作

本节以 ZXA10 C300 系列光宽带设备为载体，主要介绍了 GPON OLT 的单板选择和配置、带内网管和带外网管的配置。希望让学生了解 GPON 带内和带外网管的区别，能根据 GPON 的接入需求，独立完成设备的选型和配置。

7.1.1　业务描述

ZXA10 C300 安装完成后，需要对它进行初始化配置，以便日后对设备进行远程维护管理。

7.1.2　任务实施

1. 单板选择

带外网管配置数据规划见表 7-1。

表7-1　带外网管配置数据规划

配置项	数据
带外网管IP地址	11.1.1.1/24
下一跳IP地址	11.1.1.254/24
网管服务器	IP地址：10.2.1.1/24 版本：V2C 团体名：public（缺省值） 告警级别：NOTIFICATIONS

2. 配置步骤

① 进入全局配置模式，示例如下。

```
ZXAN#configure terminal
Enter configuration commands, one per line. End with CTRL/Z.
ZXAN(config)#
```

② 配置带外网管 IP 地址，示例如下。

```
ZXAN(config)#interface mng1
ZXAN(config-if)#ip address 11.1.1.1 255.255.255.0
```

说明：

带内网管 IP 地址和带外网管 IP 地址不能在同一个网段上。

③ 配置带外网管路由，示例如下。

```
ZXAN(config)#ip route 10.2.1.0 255.255.255.0 11.1.1.254
```

④（可选）配置 SNMP 的团体名，示例如下。

```
ZXAN(config)#snmp-server community public view allview rw
```

⑤ 配置网管服务器 IP 地址，示例如下。

```
ZXAN(config)#snmp-server host 10.2.1.1 trap version 2c public enable
NOTIFICATIONS server-index 1
```

⑥ 保存配置数据，示例如下。

```
ZXAN#write
Building configuration...
..[OK]
-- 步骤结束 --
```

3. 物理配置

在 ZXA10 C300 新开局时，需要配置机架、机框，并添加单板。

（1）配置机架

① 前提。

- 设备已上电并安装完毕。

- 网管配置已完成，通过超级终端方式或 Telnet 方式成功连接到设备。

② 步骤。

进入全局配置模式，示例如下。

```
ZXAN#configure terminal
Enter configuration commands, one per line. End with CTRL/Z.
ZXAN(config)#
```

配置机架，示例如下。

```
ZXAN(config)#add-rack rackno 1 racktype IEC19
```

说明：

ZXA10 C300 目前只支持一个机架，因此参数 rackno 只能为 1。

（可选）查看机架配置信息，示例如下。

```
ZXAN(config)#show rack
Rack   RackType    SupShelfNum   CfgShelfNum
-----------------------------------------------------------------
1       IEC19          3             1
--步骤结束--
```

（2）配置机框

① 前提。

- 设备已安装并上电。
- 机架已配置。
- 通过超级终端方式或 Telnet 方式成功连接到设备。

② 步骤。

进入全局配置模式，示例如下。

```
ZXAN#configure terminal
Enter configuration commands, one per line. End with CTRL/Z.
```

配置机框，示例如下。

```
ZXAN(config)#add-shelf shelfno 1 shelftype IEC_SHELF
```

说明：

ZXA10 C300 目前只支持一个机框，因此参数 shelfno 只能为 1。

（可选）查看机框配置信息，示例如下。

```
ZXAN(config)#show shelf
Rack    Shelf  ShelfType  ConnectId     CleiCode    Serial-Number
-----------------------------------------------------------------
1        1      IE C_SHELF     0        BVM5Z00GRA   249736300104
```

机框添加成功后，系统会自动添加两块控制交换板，示例如下。

```
ZXAN(config)#show card
Rack  Shelf  Slot  CfgType   RealType  Port  HardVer   SoftVer   Status
-----------------------------------------------------------------------
1       1     10     SCXM      SCXM         0   090700    V1.2.1    INSERVICE
1       1     11     SCXM                   0                       OFFLINE
-- 步骤结束 --
```

（3）添加单板

① 前提。

- 设备已安装并上电。
- 机架、机框已配置。
- 通过超级终端方式或 Telnet 方式已成功连接到设备。

② 步骤。

进入全局配置模式，示例如下。

```
ZXAN#configure terminal
Enter configuration commands, one per line. End with CTRL/Z.
SJ-20220718164624-007 | 2022-08-20(R1.0)1-11
```

添加单板。

在 5 号槽位添加 GTGO 单板，示例如下。

```
ZXAN(config)#add-card slotno 5 GTGO
```

在 20 号槽位添加 GUSQ 单板，示例如下。

```
ZXAN(config)#add-card slotno 20 GUSQ
```

（可选）查看单板配置信息，示例如下。

```
ZXAN(config)#show card
Rack  Shelf  Slot    CfgType  RealType  Port      HardVer  SoftVer   Status
---------------------------------------------------------------------------
1       1      0       PRWG     PRWG        0                           INSERVICE
1       1      5       GTGO     GTGOC       8         090201   V1.2.1    INSERVICE
1       1      10      SCXM     SCXM        0         090700   V1.2.1    INSERVICE
1       1      11      SCXM                 0                           OFFLINE
1       1      20      GUSQ     GUSQ        4         090200             INSERVICE
```

（可选）删除单板。

删除 5 号槽位上的单板，示例如下。

```
ZXAN(config)#del-card slotno 5
Confirm to delete card? [yes/no]:y
```

在管理员模式下，倒换主备交换控制板。

当主用交换控制板发生故障时，可执行主备倒换，将业务倒换至备用交换控制板，确保业务正常，示例如下。

```
ZXAN#swap
Confirm to master swap? [yes/no]:y
```

-- 步骤结束 --

（4）配置系统时间

在全局配置模式下，配置时区，示例如下。

```
ZXAN(config)#clock timezone utc 8
ZXAN(config)#exit
```

在管理员模式下，配置系统时间，示例如下。

```
ZXAN#clock set 08:00:00 mar 7 2022
```

（可选）查看系统时间，示例如下。

```
ZXAN#show clock
08:01:55 Mon Mar 7 2022 utc
```

单板选择见表 7-2。

表7-2　单板选择

单板类型	单板数量
交换控制板SCXL/M	1
4路GE光电混合以太网接口板GUSQ	1
4路GPON板GTGO	1
4.5U电源接口板PRWG	2
19英寸背板	1
19英寸风扇单元 FAN-C300/19	2

4. 管理方式配置

配置方法同 6.1.3 节。

5. 带内网管配置

（1）简介

在带内网管方式下，网管的交互信息通过设备的业务通道传输。带内网管方式不用附加设备，组网灵活，能够节约用户成本，但不便于维护和管理。

（2）前提

① 设备硬件安装完成。

② ZXA10 C300 系统上电。

③ 用本地维护接口电缆将计算机接口连接至ZXA10 C300主控板的CONSOLE接口。

（3）数据规划

带内网管的数据规划见表 7-3。

表7-3　带内网管的数据规划

配置项	数据
上行端口	1/20/1
带内网管VLAN	VLAN ID:1000

续表

配置项	数据
带内网管IP	10.1.1.1/24
下一跳IP地址	10.1.1.254/24
网管服务器	IP地址：10.2.1.1/24 版本：V2C 团体名：public（缺省值） 告警级别：NOTIFICATIONS

（4）配置步骤

① 进入全局配置模式，示例如下。

```
ZXAN#configure terminal
Enter configuration commands, one per line. End with CTRL/Z.
ZXAN(config)#
```

② 将上行端口加入带内网管 VLAN，示例如下。

```
ZXAN(config)#interface gei_1/20/1
ZXAN(config-if)#switchport vlan 1000 tag
ZXAN(config-if)#exit
```

③ 配置带内网管 IP 地址，示例如下。

```
ZXAN(config)#interface vlan 1000
ZXAN(config-if)#ip address 10.1.1.1 255.255.255.0
ZXAN(config-if)#exit
```

说明：

带外网管 IP 地址和带内网管 IP 地址不能在同一个网段内。

④ 配置带内网管路由，示例如下。

```
ZXAN(config)#ip route 10.2.1.0 255.255.255.0 10.1.1.254
```

⑤（可选）配置 SNMP 团体名，示例如下。

```
ZXAN(config)#snmp-server community public view allview rw
```

⑥ 配置网管服务器 IP 地址，示例如下。

```
ZXAN(config)#snmp-server host 10.2.1.1 trap version 2c public enable
NOTIFICATIONS server-index 1
```

⑦ 保存配置数据，示例如下。

```
ZXAN(config)#exit
ZXAN#write
Building configuration...
...[OK]
-- 步骤结束 --
```

6. 带外网管配置

（1）简介

带外网管方式利用非业务通道来传送管理信息，使管理通道与业务通道分离。当ZXA10 C300 发生故障时，能及时定位网上的设备信息，并实时监控。

（2）前提

① 设备硬件安装完成。

② ZXA10 C300 系统上电。

③ 用本地维护接口电缆将计算机接口连接至 ZXA10 C300 主控板的 CONSOLE 接口。

（3）数据规划

带外网管的数据规划见表 7-1。

7.2 GPON ONU 的管理操作

本节以 ZXA10 C300 系列光宽带设备为载体，设计出“ONU 的注册与认证”实训。希望通过实训，学生能掌握常见的 ONU 设备认证配置过程。

7.2.1 知识准备

1. ZXA10 F660 的接口描述

ZXA10 F660 的接口描述见表 7-4。

表7-4 ZXA10 F660的接口描述

接口、按钮	描述
LAN1、LAN2、LAN3、LAN4	RJ-45网线接口，通过RJ-45连接计算机网卡
POTS1、POTS2	RJ-11电话线接口，通过RJ-11电话线连接电话
USB	USB host接口，连接有USB接口的存储设备
POWER	电源插槽，连接至电源适配器，DC12V
WPS	WPS接入开关
WLAN	WLAN按钮，进行WLAN的连接或关闭
RESET	复位按钮。当设备处于上电激活状态时，用细针按住该按钮10s，设备将恢复出厂设置

2. ZXA10 C300 支持的 ONU 类型模板

在 ZXA10 C300 上，F822 和 F820 是 EPON ONU。若需配置相应的 GPON ONU，则分别使用 ZTEG-9806H、ZTEG-F822 和 ZTEG-F820，可使用“show onu-type gpon”命令查看系统缺省的 GPON ONU 类型。

对于初次上线的 ONU，需要对其认证后，才能进行业务配置。

7.2.2 前提条件

① OLT 的机架、机框、单板等物理配置已完成。

② GPON 连接正常。

③ 配置计算机已通过超级终端或者带内和带外网管连接到 OLT。

7.2.3 数据规划

GPON ONU 类型的配置步骤同 6.2 节，数据规划见表 7-5。

表7-5　GPON ONU类型的数据规划

配置项	数据
ONU类型的名称	ZTEG-F660
ONU描述	4FE、2POTS

GPON ONU 认证的配置步骤同 6.2 节，数据规划见表 7-6。

表7-6　GPON ONU认证的数据规划

配置项	数据
ONU-ID	1
ONU类型	ZTEG-F660
SN	ZTEG00000002

如果此时 ONU 处于工作状态，则可进行相关业务的配置。

7.2.4 配置步骤

在认证 GPON ONU 前，如果该 ONU 类型不存在，则需要创建模板，可使用“show onu-type gpon”命令查看系统缺省的 GPON ONU 类型。

① 在 PON 配置模式下，创建 ONU 类型模板，示例如下。

```
ZXAN(config)#pon
ZXAN(config-pon)# onu-type ZTEG-F660 gpon description 4FE, 2POTS, 1WiFi
max-tcont 8 max-gemport 32 max-switch-perslot 8 max-flow-perswitch 8
```

ONU 的型号为 F660，有 4 个 FE 接口、2 个电话接口、1 个 Wi-Fi 接口，支持最大 T-CONT 数是 8，最大 GEM Port 数是 32，每个槽位最大交换单元数是 8，每个交换单元最大 Flow 数是 8。

② 配置该 ONU 类型的用户端口，示例如下。

```
ZXAN(config-pon)#onu-type-if ZTEG-F660 eth_0/1-4
ZXAN(config-pon)#onu-type-if ZTEG-F660 pots_0/1-2
```

```
ZXAN(config-pon)#onu-type-if ZTEG-F660 wifi_0/1
ZXAN(config-pon)#exit
```

③ 查看未认证的 ONU 信息，示例如下。

```
ZXAN(config)#show gpon onu uncfg gpon-olt_1/1/1
OnuIndex Sn State
-----------------------------------------------
gpon-onu_1/1/1:1 ZTEGC1608566 unknown
```

④ 对于初次上线的 GPON ONU，在配置其业务前，需配置 ONU 认证参数以实现 ONU 认证。在 OLT 接口模式下，配置 ONU 认证参数，示例如下。

```
ZXAN(config)#interface gpon-olt_1/1/1
ZXAN(config-if)#onu 1 type ZTEG-F660 sn ZTEGC1608566
-- 步骤结束 --
```

7.3 GPON 宽带业务开通

本节以 ZXA10 C300 系列光宽带设备为载体，设计出“GPON 宽带业务开通”实训。希望通过本次实训，让学生掌握 GPON 宽带业务开通的数据配置过程，进一步熟悉 GPON 的通信原理。

7.3.1 知识准备

FTTH 是目前运营商宽带接入的主流方式。GPON FTTH 可提供的最大上行速率为 1.244Gbit/s，最大下行速率为 2.488Gbit/s，可以极大地满足用户对高速数据、语音和高清视频的要求。

GPON 作为一种能在宽带业务和窄带业务环境下提供灵活接入能力的接入技术，可以提供超高带宽接入，并且支持多种速率模式。GPON 采用单根光纤为用户提供语音、数据、视频等多种服务。

IP 数据业务是 GPON 的基本业务，学习本节可以帮助学生熟练掌握 GPON 宽带业务开通的基本配置。

7.3.2 前提条件

① 设备已安装并上电。

② 网络连接正常。

③ ONU 类型模板已经创建。

④ ONU 已经注册和认证。

⑤ 通过超级终端或网管方式成功连接到设备。

7.3.3 组网图

GPON 数据业务开通的组网如图 7-1 所示。

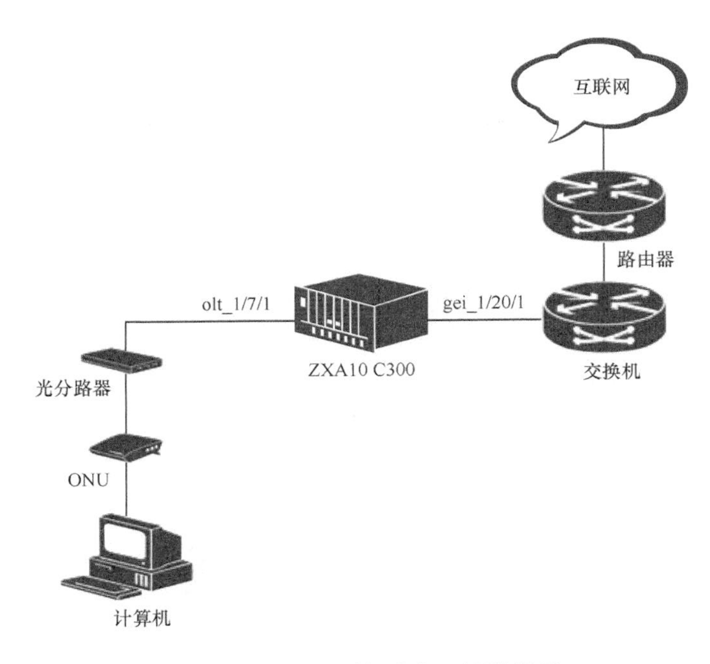

图7-1　GPON数据业务开通的组网

7.3.4　数据规划

GPON 数据业务开通的数据规划见表 7-7。

表7-7　GPON数据业务开通的数据规划

配置项	数据
业务VLAN ID	100
上行端口	gei_1/20/1
业务端口	gpon-onu_1/7/1:1
带宽模板名称	10M
用户端口VLAN	端口：eth_0/1 VLAN处理方式：tag（上行PON添加tag，下行PON删除tag）

7.3.5　任务实施

1. 简介

ZXA10 C300 支持 512 个 T-CONT 带宽模板的配置，上行带宽类型分为固定带宽、保证带宽、非保证带宽和尽力而为带宽 4 种，优先级依次降低。

2. 配置数据规划

ZXA10 C300 缺省的 T-CONT 带宽模板为 default，其配置见表 7-8。

表7-8 缺省的T-CONT带宽模板配置

参数	数据
带宽类型	1
固定带宽	10000kbit/s
保证带宽	0
最大带宽	0

T-CONT 带宽模板的数据规划见表 7-9。

表7-9 T-CONT带宽模板的数据规划

配置项	数据
带宽模板1	模板名称：10M 带宽类型：Type4（尽力而为带宽） 最大带宽：10Mbit/s
带宽模板2	模板名称：5M 带宽类型：Type2（保证带宽） 保证带宽：5Mbit/s
带宽模板3	模板名称：2M 带宽类型：Type1（固定带宽） 保证带宽：2Mbit/s

GPON 宽带业务的数据规划见表 7-10。

表7-10 GPON宽带业务的数据规划

配置项	数据
业务VLAN ID	100
业务优先级	0
上行端口	gei_1/20/1
业务端口	ONU接口：gpon-onu_1/5/1:1 Service-port ID:1 虚端口ID:1
T-CONT	索引：1 T-CONT名称:T1 T-CONT模板：10M
Gem Port	索引：1 名称：gemport1 T-CONT索引：1

续表

配置项	数据
业务通道	名称： 业务类型：internet GEM Port索引：1 优先级：0 VLAN ID:100
用户端口VLAN	端口：eth_0/1 VLAN模式：上行tag，下行untag

3. 配置步骤

① 配置 T-CONT 带宽模板。

进入全局配置模式；在 GPON 配置模式下，创建 T-CONT 带宽模板，示例如下。

```
ZXAN(config)#gpon
ZXAN(config-gpon)#profile tcont 10M type 4 maximum 100000
ZXAN(config-gpon)#profile tcont 5M type 2 assured 5000
ZXAN(config-gpon)#profile tcont 2M type 1 fixed 2000
```

（可选）查看 T-CONT 带宽模板，示例如下。

```
ZXAN(config-gpon)#show gpon profile tcont
-- 步骤结束 --
```

② 认证 ONU。

参见本书 6.2 节的配置步骤。

③ 配置 GEM Port，示例如下。

```
ZXAN(config-if)#gemport 1 name gemport1 unicast tcont 1
ZXAN(config-if)#exit
```

④ 在上行端口配置模式下，配置上行端口 VLAN，示例如下。

```
ZXAN(config)#interface gei_1/20/1
ZXAN(config-if)#switchport vlan 100 tag
ZXAN(config-if)#exit
```

⑤ 在 ONU 接口模式下，配置业务端口 VLAN，示例如下。

```
ZXAN(config)#interface gpon-onu_1/5/1:1
ZXAN(config-if)#service-port 1 vport 1 user-vlan 100 vlan 100
ZXAN(config-if)#exit
```

说明：

缺省情况下，虚端口（vport）与 GEM Port 一一对应。

⑥ 在 ONU 远程管理模式下，配置业务通道，示例如下。

```
ZXAN(config)#pon-onu-mng gpon-onu_1/5/1:1
```

```
ZXAN(gpon-onu-mng)#service HSI type internet gemport 1 cos 0 vlan 100
```

⑦ 配置用户端口 VLAN，示例如下。

```
ZXAN(gpon-onu-mng)#vlan port eth_0/1 mode tag vlan 100 priority 0
ZXAN(gpon-onu-mng)#end
```

⑧ ONU 侧配置。

将网线连接至 ZXA10 F660 的 LAN 接口，在浏览器中输入 IP 地址，进入登录界面；输入用户名（admin）和密码（admin），进入管理界面。ZXA10 F660 的登录界面如图 7-2 所示，管理界面如图 7-3 所示。

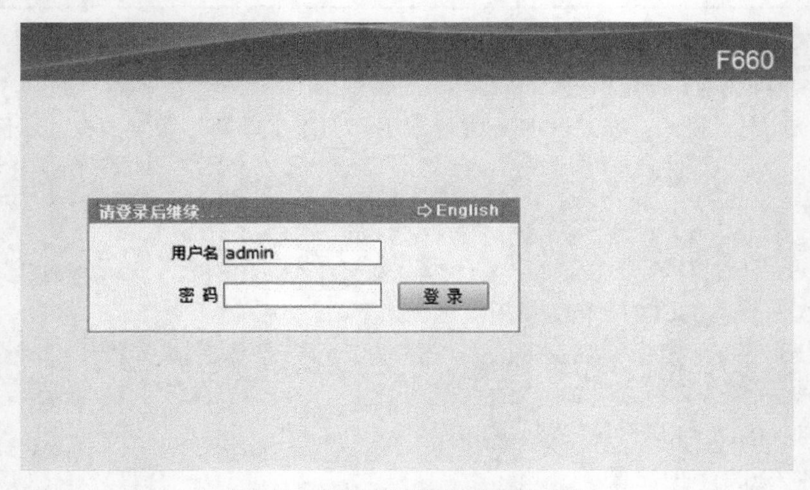

图7-2　ZXA10 F660的登录界面

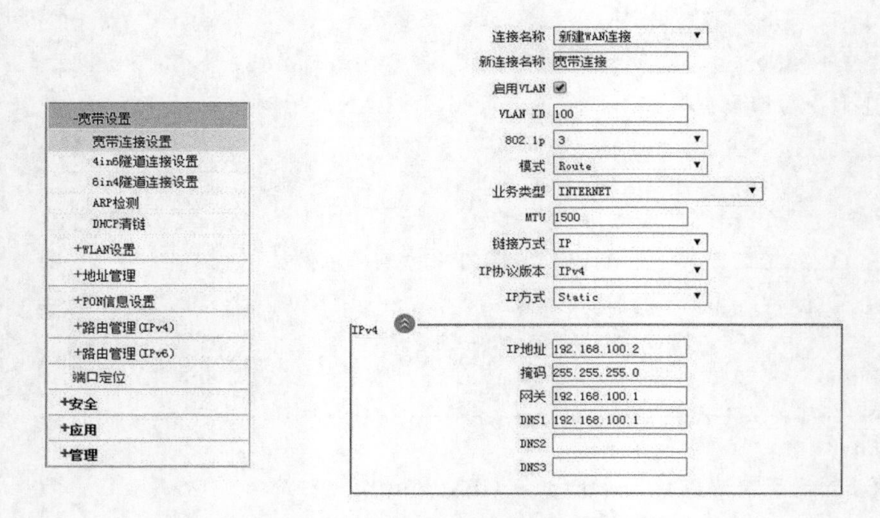

图7-3　ZXA10 F660的管理界面

进入 ZXA10 F660 的管理界面后，单击菜单栏中的“宽带设置”→“宽带连接设置”选项，填写图 7-3 所示的相关参数。填写完成后，单击“创建”按钮，完成数据连接。

7.4 GPON VoIP 业务配置

7.4.1 前提条件

GPON ONU 已认证，设备及网络连接正常。

7.4.2 组网图

VoIP 业务配置组网如图 7-4 所示。

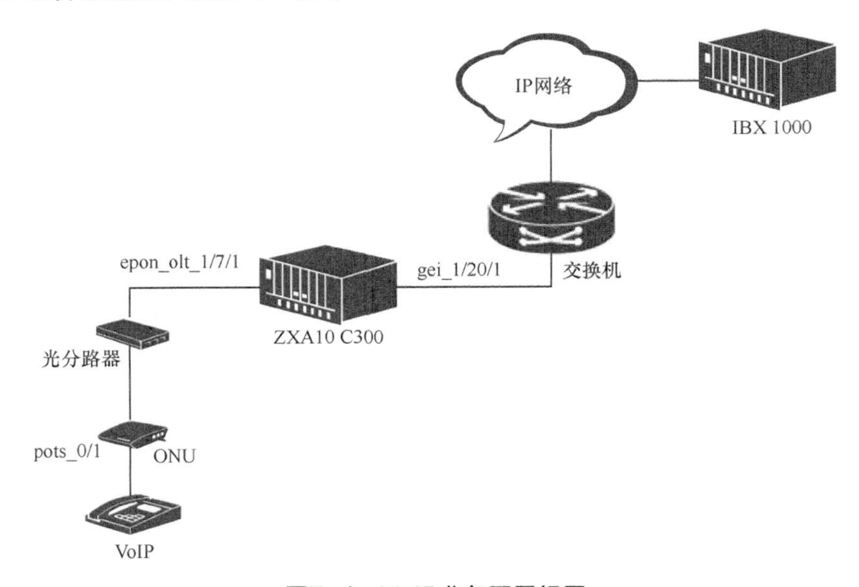

图7-4　VoIP业务配置组网

7.4.3 数据规划

VoIP 业务开通的数据规划见表 7-11。

表7-11　VoIP业务开通的数据规划

配置项	数据
业务VLAN	VLAN ID:300
业务优先级	7
上行端口	Gei_1/20/1
业务端口	ONU接口：gpon-onu_1/7/1:1 Service-port ID:3 虚端口ID:3

续表

配置项	数据
T-CONT	索引：3 名称：VoIP T-CONT模板：10M
GEM Port	索引：3 名称：gemport3 T-CONT索引：3
业务通道	名称：voip-sip 业务类型：VoIP GEM Port索引：3 优先级：7
VoIP 协议	SIP
VoIP 地址	VoIP IP模板：ip-test VoIP VLAN模板：vlan-test IP地址：192.168.10.30
VoIP 业务	端口：POTS_0/1 SIP模板：sip-test 用户名：12345，用户ID：12345，密码：12345

7.4.4 任务实施

1. 认证 ONU

参见 6.2 节的配置内容。

2. 创建 T-CONT 带宽模板

T-CONT 带宽模板的数据规划见表 7-12。

表7-12 T-CONT带宽模板的数据规划

配置项	数据
带宽模板1	模板名称：10M 带宽类型：type4（尽力而为带宽） 最大带宽：10000kbit/s
带宽模板2（可选）	模板名称：5M 带宽类型：type2（保证带宽） 保证带宽：5000kbit/s

配置 T-CONT 带宽的步骤如下。

① 在 GPON 配置模式下，创建 T-CONT 带宽模板，示例如下。

```
ZXAN (config)#gpon
ZXAN (config-gpon)#profile tcont 10M type 4 maximum 100000
(可选) ZXAN (config-gpon)#profile tcont 5M type 2 assured 5000
```

② 在 ONU 接口配置模式下，配置 T-CONT 带宽，示例如下。

```
ZXAN (config)#interface gpon-onu_1/7/1:1
ZXAN (config-if)#tcont 3 name VoIP profile 10M
```

3. 配置 GEM Port

在 ONU 接口配置模式下，配置 GEM Port，示例如下。

```
ZXAN (config-if)#gemport 3 name gemport3 unicast tcont 3
ZXAN (config-if)#exit
```

4. 配置上行端口 VLAN

在上行端口配置模式下，配置上行端口 VLAN，示例如下。

```
ZXAN (config)#interface gei_1/20/1
ZXAN (config-if)#switchport vlan 300 tag
ZXAN (config-if)#exit
```

5. 配置业务端口 VLAN

在 ONU 接口配置模式下，配置业务端口 VLAN，示例如下。

```
ZXAN (config)#interface gpon-onu_1/7/1:1
ZXAN (config-if)#service-port 3 vport 3 user-vlan 300 vlan 300
ZXAN (config-if)#exit
```

说明：

缺省情况下，虚端口（vport）与 GEM Port 一一对应。

6. 配置业务通道

在 ONU 远程管理模式下，配置业务通道，示例如下。

业务通道名称：voip-sip；类型：VoIP；GEM Port:gemport3；优先级：7；VLAN ID:300。

```
ZXAN (config)#pon-onu-mng gpon-onu_1/7/1:1
ZXAN (gpon-onu-mng)#service VoIP-sip type VoIP gemport 3 cos 7 vlan 300
```

7. ZXECS IBX1000 配置

创建 SIP 用户 1 和用户 2，用户 1 的域名、用户密码、电话号码分别为 10010、10010、10010；用户 2 的域名、用户密码、电话号码分别为 10011、10011、10011。

① 登录 IBX 1000。

② 添加 SIP 用户。

打开“用户配置”界面，单击“添加”按钮，用户类型选“SIP 用户”，分别添加域名 10010、用户密码 10010、电话号码 10010 和域名 10011、用户密码 10011、电话号码 10011，完成后单击“保存”按钮。添加 SIP 用户如图 7-5 所示。

交换机配置 » 基本配置 » 用户配置

用户配置

用户类型 SIP用户

域名

用户密码

电话号码

批量添加

业务配置

补充业务

«返回列表 保存 保存并继续添加

图7-5 添加SIP用户

③ 配置路由表。

为用户 1 配置路由表：号码前缀为 1、号码长度为 5、最大号码长度为 24、路由号为 255，完成后单击“保存”按钮。路由表的配置如图 7-6 所示。

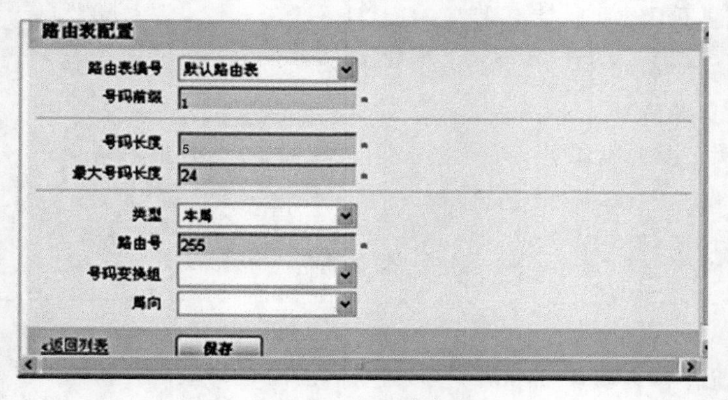

图7-6 配置路由表

8. 配置协议类型

在 ONU 的远程配置模式下，配置 VoIP 为 SIP，示例如下。

```
ZXAN(gpon-onu-mng)#VoIP protocol sip
```

9. 配置 VoIP 业务

（1）在 GPON 配置模式下，配置 VoIP IP 模板。

VoIP IP 模板的数据规划见表 7-13。

表7-13 VoIP IP模板的数据规划

配置项	数据
模板名称	ip-test
IP地址获取方式	Static
网关IP地址	192.168.10.1

在 GPON 配置模式下配置 VoIP IP 模板，示例如下。

```
ZXAN(config)#gpon
ZXAN(config-gpon)#onu profile VoIP-ip ip-test static gateway 192.168.10.1
primary dns 192.168.10.1
```

（可选）查看 VoIP IP 模板，示例如下。

```
ZXAN(config-gpon)#show gpon onu profile VoIP-ip
Profilename: ip-test
Gateway: 192.168.10.1
Primary DNS: 192.168.10.1
Secondary DNS: 0.0.0.0
```

（2）配置 VoIP VLAN 模板

VoIP VLAN 模板的数据规划见表 7-14。

表7-14　VoIP VLAN模板的数据规划

配置项	数据
模板名称	vlan-test
标签处理模式	tag
Vlan ID	300
优先级	7

在 GPON 配置模式下，配置 VoIP VLAN 模板，示例如下。

```
ZXAN(config)#gpon
ZXAN(config-gpon)#onu profile VoIP-vlan vlan-test tag-mode tag cvlan 300 priority 7
```

（可选）查看 VoIP VLAN 模板，示例如下。

```
ZXAN(config-gpon)#show gpon onu profile VoIP-vlan
Profile name: vlan-test
Tag mode: tag
CVLAN: 300
CVLAN priority:7
```

（3）配置 SIP 模板

SIP 模板的数据规划见表 7-15。

表7-15　SIP模板的数据规划

配置项	数据
模板名称	sip-test
代理服务器IP地址	192.168.10.1

在 GPON 配置模式下，配置 SIP 模板，示例如下。

```
ZXAN(config)#gpon
ZXAN(config-gpon)#onu profile sip-test proxy 192.168.10.1
```

10. 配置 VoIP 地址

在 GPON 配置模式下，配置 VoIP IP 地址，示例如下。

```
ZXAN(config)#gpon
ZXAN(gpon-onu-mng)# VoIP-ip  mode  static ip-profile ip-test ip-address
192.168.10.30 mask 255.255.255.0 vlan-profile vlan-test
```

11. 配置 VoIP 业务

在 GPON 配置模式下，配置 VoIP 业务，示例如下。

```
ZXAN(gpon-onu-mng)#sip-service pots_0/1 profile sip-test userid 11010 username
11010 password 11010
ZXAN(gpon-onu-mng)#sip-service pots_0/2 profile sip-test userid 11011 username
11011 password 11011
ZXAN(gpon-onu-mng)#end
```

12. 测试

测试 pots_0/1 和 pots_0/2 连接的两个电话的互通性。

用 11010 电话拨打 11011，记录拨打测试结果；用 11011 拨打 11010，记录拨打测试结果。

7.5 GPON 组播业务开通

本节以 ZXA10 C300 系列光宽带设备为载体，设计出组播业务开通实训。通过任务训练，让学生掌握 GPON OLT 组播业务开通配置过程。

7.5.1 知识准备

1. 组播简介

TCP/IP 传送方式有单播，广播，组播 3 种。

组播是一种允许一个或多个发送者（组播源）发送单一的数据包到多个接收者（一次的、同时的）的网络技术。播源把数据包发送到特定组播组，而只有属于该组播组的地址才能接收到数据包。组播可以极大地节省网络带宽，因为无论有多少个目标地址，在整个网络的任何一条链路上只传送单一的数据包。它提高了数据传送效率，降低了主干网出现拥塞的可能性。组播组中的主机可以是在同一个物理网络，也可以来自不同的物理网络（如果有组播路由器的支持）。

2. 组播地址介绍

IP 组播地址范围是 224.0.0.0 ～ 239.255.255.255，下面列出部分知名或已用的 IP 组播地址。实际上，224.0.0.0 ～ 224.2.255.255 的绝大部分地址已被使用，建议使用时避开上述地址（详细使用情况请参阅 RFC 1700）。

224.0.0.0 基础地址应保留，不能被任何群组使用；224.0.0.1 全主机群组（all hosts group）是指参加本 IP 组播的所有主机、路由器、网关（不是指整个互联网）。

224.0.0.2 本子网上的路由器。

224.0.0.4 DVMRP* 路由器。

224.0.0.5 本子网上的 OSPF* 路由器（all OSPF routers on a LAN）。

224.0.0.6 本子网上被指定的 OSPF 路由器。

3. 任务描述

随着多媒体视频和数据仓库等流媒体在 IP 网络中的出现，组播应用逐渐成为新的业务需求。组播业务主要应用在流媒体、远程教育、视频会议、视频组播（网络电视）、网络游戏、数据复制，以及其他任意的点到多点的数据传送应用。

ZXA10 C300 具有电信级的组播运营能力，支持组播协议和可控组播，可以实现从用户到网络的全套协议支持，为宽带组播增值业务和组播业务管理开展提供了基础。ZXA10 C300 提供可运营可管理的可控组播业务，支持 IGMP V1/V2/V3，支持 IGMP Snooping、IGMP Proxy、IGMP Router 这 3 种模式。

通过此任务配置以 GPON 接入方式提供的 IGMP Snooping 模式的组播业务。配置 GPON 组播业务后，用户可以接收组播业务流。

7.5.2 前提条件

① 设备及网络连接正常。

② GPON ONU 已认证。

7.5.3 组网图

GPON 组播配置组网如图 7-7 所示。

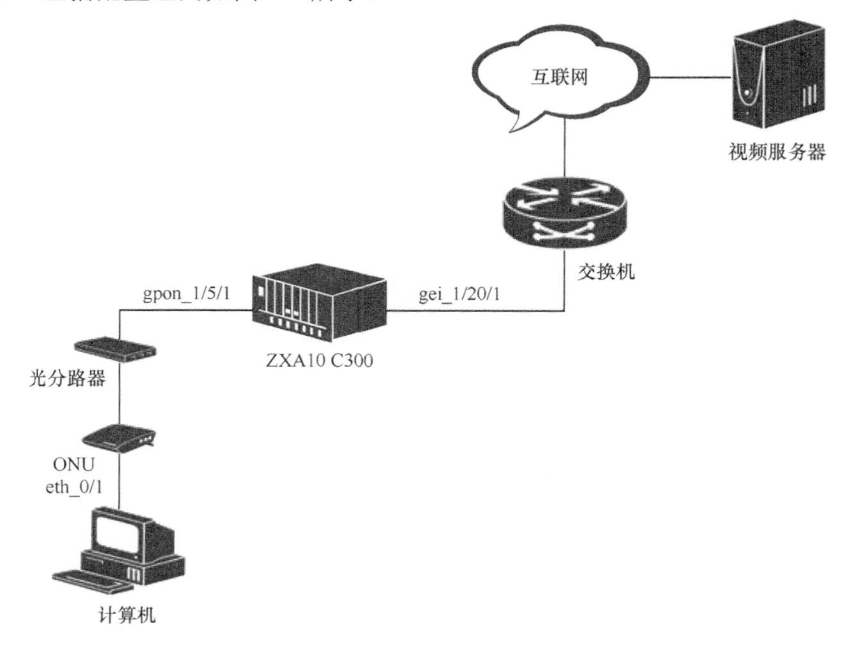

图7-7 GPON 组播配置组网

7.5.4 数据规划

GPON 组播业务开通的数据规划见表 7-16。

表 7-16 GPON组播业务开通的数据规划

配置项	数据
组播MVLAN ID	200
业务优先级	5
MVLAN 工作模式	Proxy
MVLAN 组播组	239.1.1.1
上行端口	gei_1/20/1
业务端口	ONU接口：gpon-onu_1/5/1:1 Service-port ID:2 ONU虚端口ID：2
T-CONT	索引：2 名称：T2 T-CONT模板：5M
GEM Port	索引：2 名称：gemport2 T-CONT模板：5M
业务通道	名称：multicast 业务类型：iptv GEM Port索引：2 优先级：5 VLAN ID:200
用户端口VLAN	端口：eth_0/2 VLAN模式：tag（untag报文上行添加PVID通过） VLAN ID:200 优先级：5

7.5.5 任务实施

1. 认证 ONU

参见 6.2 节的配置过程。

2. 配置 T-CONT

① 在 GPON 配置模式下，创建 T-CONT 带宽模板，示例如下。

```
ZXAN (config)#gpon
```

```
ZXAN(config-gpon)#profile tcont 5M type 2 assured 5000
```

② 在 ONU 接口配置模式下，配置 T-CONT，示例如下。

```
ZXAN(config)#interface gpon-onu_1/5/1:1
ZXAN(config-if)#tcont 3 name T2 profile 5M
```

3. 配置 GEM port

在 ONU 接口配置模式下，配置 GEM Port，示例如下。

```
ZXAN(config-if)#gemport 2 name gemport2 unicast tcont 3
ZXAN(config-if)#exit
```

4. 配置上行端口 VLAN

在上行端口配置模式下，配置上行端口 VLAN，示例如下。

```
ZXAN(config)#interface gei_1/20/1
ZXAN(config-if)#switchport vlan 200 tag
ZXAN(config-if)#exit
```

5. 配置业务端口 VLAN

在 ONU 接口模式下，配置业务端口 VLAN，示例如下。

```
ZXAN(config)#interface gpon-onu_1/5/1:1
ZXAN(config-if)#service-port 2 vport 2 user-vlan 200 vlan 200
ZXAN(config-if)#exi
```

说明：

虚端口（vport）与 GEM Port 一一对应。

6. IGMP 参数配置

①（可选）使能全局 IGMP，示例如下。

```
ZXAN(config)#igmp enable
```

② 配置 IGMP 参数，示例如下。

```
ZXAN(config)#interface gpon-onu_1/5/1:1
ZXAN(config-if)#igmp fast-leave enable vport 2
ZXAN(config-if)#exit
```

7. 配置 MVLAN

① 配置 IGMP MVLAN，示例如下。

```
ZXAN(config)#igmp mvlan 200
```

② 配置 MVLAN 工作模式，示例如下。

```
ZXAN(config)#igmp mvlan 200 work-mode proxy
```

③ 配置 MVLAN 组播组，示例如下。

```
ZXAN(config)#igmp mvlan 200 group 239.1.1.1
```

④ 配置 MVLAN 源端口，示例如下。

```
ZXAN(config)#igmp mvlan 200 source-port gei_1/20/1
```

⑤ 配置 MVLAN 接收端口，示例如下。

```
ZXAN(config)#igmp mvlan 200 receive-port gpon-onu_1/5/1:1 vport 2
```

8. 配置业务通道

在 ONU 远程管理模式下配置组播业务通道，示例如下。

```
ZXAN(config)#pon-onu-mng gpon-onu_1/5/1:1
ZXAN(gpon-onu-mng)#service multicast type iptv gemport 2 cos 5 vlan 200
```

9. 配置用户端口 MVLAN

在 PON 远程配置魔术下配置用户端口 MVLAN，示例如下。

```
ZXAN(gpon-onu-mng)#multicast vlan add 200
ZXAN(gpon-onu-mng)#multicast vlan tag-strip port eth_0/2 enable
```

10. 配置用户端口 VLAN

配置用户端口 VLAN，示例如下。

```
ZXAN(gpon-onu-mng)#vlan port eth_0/2 mode tag vlan 200 priority 5
ZXAN(gpon-onu-mng)#end
```

11. 配置服务器组播流

本任务以 Windows 操作系统的 VLC media player 软件作为视频组播源。

① 打开 VLCmedia player 软件，选择“打开文件”选项，如图 7-8 所示。

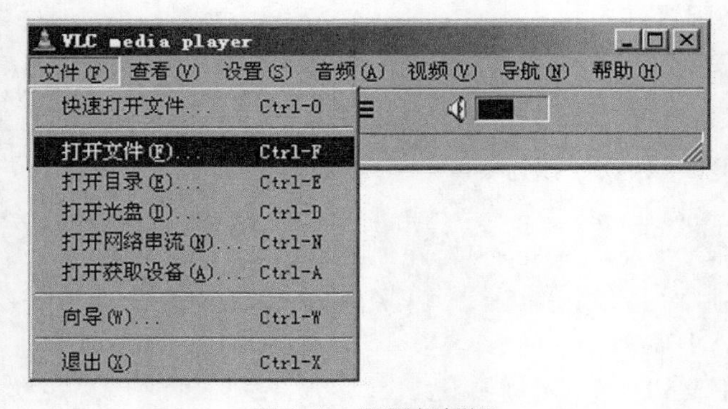

图7-8 配置组播源

② 选择预先准备的视频文件（视频文件存放的位置和打开的文件位置一致），勾选“串流输出”复选框，选择视频文件，然后单击“设置”按钮，如图 7-9 所示。

③ 配置组播流地址如图 7-10 所示，勾选“本地播放”和“RTP”复选框，在“RTP”后的文本框中填写地址和端口号；然后单击“确定”按钮；回到步骤②，开始播放视频。

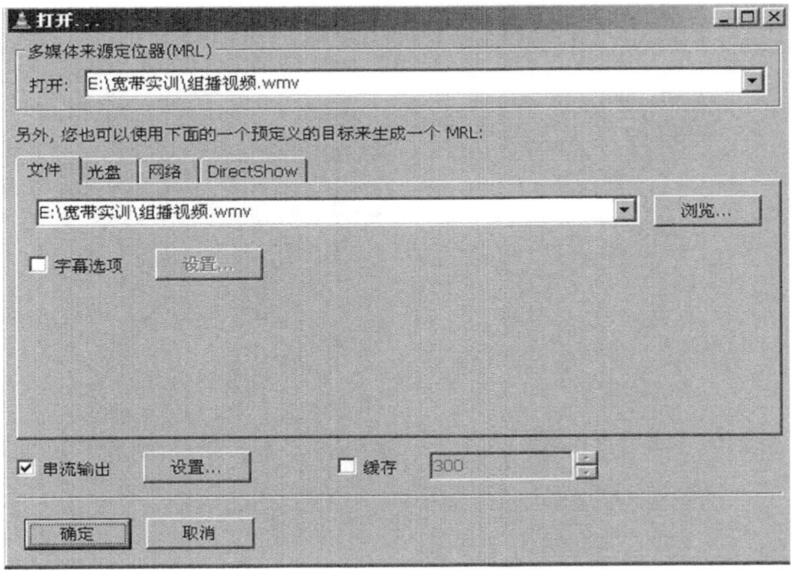

打开...

多媒体来源定位器(MRL)

打开：E:\宽带实训\組播视频.wmv

另外，您也可以使用下面的一个预定义的目标来生成一个 MRL：

文件　光盘　网络　DirectShow

E:\宽带实训\組播视频.wmv　浏览...

字幕选项　设置...

串流输出　设置...　缓存　300

确定　取消

图7-9　配置组播流

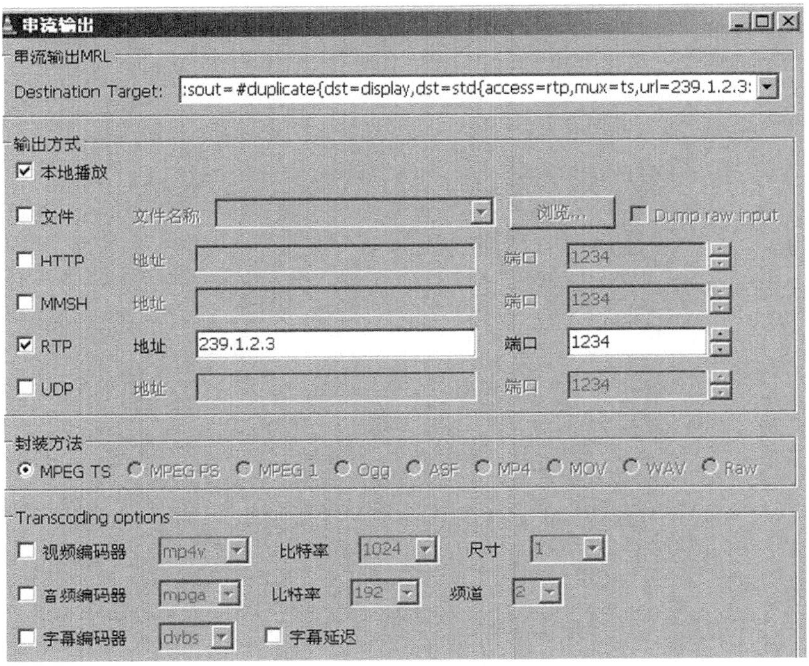

串流输出

串流输出MRL

Destination Target: :sout=#duplicate{dst=display,dst=std{access=rtp,mux=ts,url=239.1.2.3:

输出方式

本地播放

文件　文件名称　浏览...　Dump raw input

HTTP　地址　端口　1234

MMSH　地址　端口　1234

RTP　地址　239.1.2.3　端口　1234

UDP　地址　端口　1234

封装方法

MPEG TS　MPEG PS　MPEG 1　Ogg　ASF　MP4　MOV　WAV　Raw

Transcoding options

视频编码器　mp4v　比特率　1024　尺寸　1

音频编码器　mpga　比特率　192　频道　2

字幕编码器　dvbs　字幕延迟

图7-10　设置组播流地址

12. 测试

计算机网线连接到 ONU eth_0/2 接口，将安装 VLC media player 软件的测试终端，连接 ONU 的 eth_0/2 接口，并且设置 IP 地址与流媒体服务器在同一网段。然后再打开 VLC media player 软件，“选择媒体”→“打开网络串流”，如图 7-11 所示。

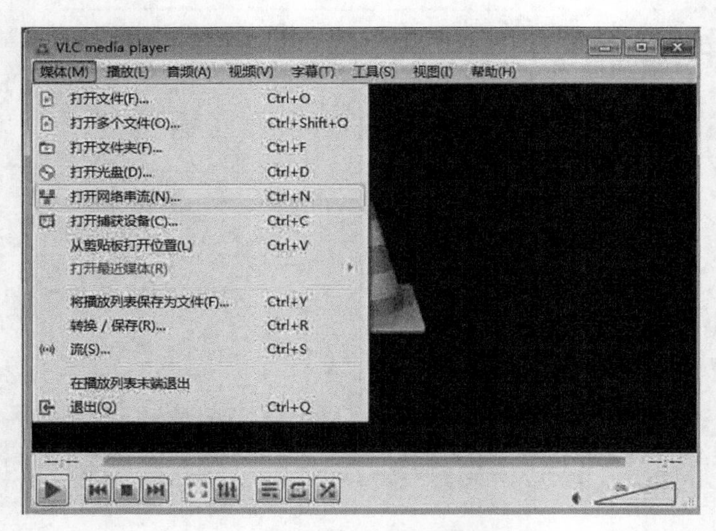

图7-11　客户端打开组播流

在“请输入网络 url”中输“rtp://@239.1.2.3:1234”。此时若能播放视频服务器的视频文件，则本次任务成功如图 7-12 所示，输入组播地址。

保存配置数据。

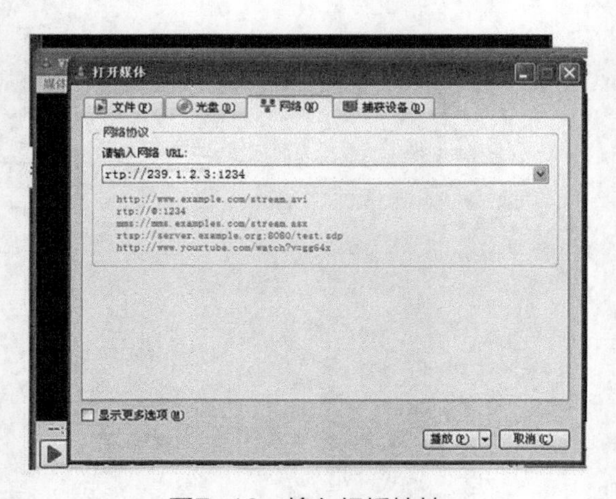

图7-12　输入组播地址

7.6 GPON OLT IPTV 的配置

本章以 ZXA10 C300 系列光宽带设备为载体，设计出组播业务 IPTV 开通实训。通过任务训练，让学生掌握 GPON OLT 设备 IPTV 开通的配置过程。

7.6.1 知识准备

IPTV 二层组播业务在 OLT 和 ONU 上进行二级复制。相关的配置信息如下。

（1）OLT 基本业务参数配置

二层组播控制的基本参数包括组播 VLAN、源端口、接收端口、组播节目地址。组播 VLAN 是承载组播数据的 VLAN，源端口是连接组播源的上行端口，接收端口是连接组播用户的 ONU 端口，组播节目地址由组地址和源地址组成。

（2）OLT 组播协议模式配置

ZXA10 C300 支持 IPv4 和 IPv6 组播双协议栈，可以灵活配置各个协议版本支持或丢弃。可以基于组播 VLAN 配置 Snooping、Router、Proxy 这 3 种工作模式。

（3）ONU 用户权限配置

基于 ITU-T984.4 标准，OLT 将组播权限模板通过 OMCI 配置到 ONU 上。

ONU 运行 IGMP Snooping，并根据本地的组播权限表进行用户权限控制。

7.6.2 任务实施

1. 配置 IGMP MVLAN

（1）摘要

IGMP MVLAN 是承载 IGMP 组播数据的 VLAN，包括业务 VLAN、源端口、接收端口和组播组。

（2）数据规划

IGMP MVLAN 的数据规划见表 7-17。

表 7-17　IGMP MVLAN的数据规划

配置项	数据
组播MVLAN ID	200
业务优先级	5
MVLAN 工作模式	Proxy
MVLAN 组播组	239.1.1.1
上行端口	gei_1/20/1
业务端口	ONU端口：gpon-onu_1/5/1:1 Service-port ID:2 ONU虚端口ID：2
T-CONT参数	索引：2 名称：T2 T-CONT模板：100M

续表

配置项	数据
GEM Port参数	索引：2 名称：gemport2 T-CONT模板：5M
业务通道	名称：multicast 业务类型：iptv GEM Port索引：2 优先级：5 VLAN ID:200
用户端口VLAN	端口：eth_0/2 VLAN模式：tag（untag报文上行添加PVID通过） VLAN ID:200 优先级：5

（3）步骤

① 使能全局 IGMP，示例如下。

```
ZXAN(config)#igmp enable
```

② 配置 IGMP 数据包处理模式，示例如下。

```
ZXAN(config)#igmp version-mode v1 drop
ZXAN(config)#igmp version-mode v2 drop
ZXAN(config)#igmp version-mode v3 accept
```

③ 配置 MVLAN，示例如下。

```
ZXAN(config)#igmp mvlan 200
```

④ 配置 MVLAN 工作模式，示例如下。

```
ZXAN(config)#igmp mvlan 200 work-mode proxy
ZXAN(config)#igmp mvlan 200 host-version v3
```

⑤ 配置 MVLAN 组播组，示例如下。

```
ZXAN(config)#igmp mvlan 200 group 224.1.1.1 to 224.1.1.3
```

⑥ 配置 MVLAN 源端口，示例如下。

```
ZXAN(config)#igmp mvlan 200 source-port gei_1/20/1
```

⑦ 配置 MVLAN 接收端口，示例如下。

```
ZXAN(config)#igmp mvlan 200 receive-port gpon-onu_1/5/1:1 vport 2
```

⑧（可选）查看 IGMP 全局配置，示例如下。

```
ZXAN(config)#show igmp
IGMP global parameters:
```

```
------------------------------------------------
IGMP is globally enable.
IGMP log is disable.
Snooping aging time is 300 seconds.
Span vlan is enable.
Bandwidth control is disable.
Host tracking is disable.
Robustness variable is 2.
General query interval is 125(second).
Query max response time is 100(0.1second).
Last member query interval is 10(0.1second).
Last member query count is 2.
Unsolicited report interval is 10 seconds.
Source filter mode is asmssm.
Prejoin interval is 120(second).
Igmp v1 mode is drop.
Igmp v2 mode is drop.
Igmp v3 mode is accept.
```

⑨（可选）查看 MVLAN 配置，示例如下。

```
ZXAN(config)#show igmp mvlan
Total Num is 1.
VID  Status  Mode     Host IP   GroupFilter  MaxGroups  ActGroups   HostVersion
------------------------------------------------------------------------------
200  enable  proxy  192.168.2.14    enable    4096          0          v3
ZXAN(config)#show igmp mvlan 200
Protocol packet's priority is 0(in proxy/router mode)
Act Port is 0
Cvlan is 0
Source Port
----------------------------
gei_1/20/1
Receive Port
----------------------------
gpon-onu_1/5/1:1:2
Group
----------------------------
224.1.1.1 - 224.1.1.3
-- 步骤结束 --
```

2. 配置 MLD MVLAN

（1）摘要

MLD MVLAN 是承载 MLD 组播数据的 VLAN，包括业务 VLAN、源端口、接收端口和组播组。

（2）数据规划

MLD MVLAN 的数据规划见表 7-18。

表 7-18　MLD MVLAN的数据规划

配置项	数据
MLD协议	使能
MVLAN ID	200
MVLAN 工作模式	Proxy
MVLAN 主机版本	MLD V1
MLD协议处理模式	MLDv1: accept MLDv2: drop
组播组IP地址	ff1e::0101～ff1e::0103
组播组源端口	gei_1/20/1
组播组接收端口	ONU接口：gpon-onu_1/5/1:1 虚端口ID：2

（3）步骤

① 使能全局 MLD 协议，示例如下。

```
ZXAN(config)#mld enable
```

② 配置 MLD 协议包处理模式，示例如下。

```
ZXAN(config)#mld version-mode v1 accept
ZXAN(config)#mld version-mode v2 drop
```

③ 配置 MVLAN，示例如下。

```
ZXAN(config)#mld mvlan 200
```

④ 配置 MVLAN 工作模式，示例如下。

```
ZXAN(config)#mld mvlan 200 work-mode proxy
ZXAN(config)#mld mvlan 200 host-version v1
```

⑤ 配置 MVLAN 组播组，示例如下。

```
ZXAN(config)#mld mvlan 200 group ff1e::0101 to ff1e::0103
```

⑥ 配置 MVLAN 源端口，示例如下。

```
ZXAN(config)#mld mvlan 200 source-port gei_1/20/1
```

⑦ 配置 MVLAN 接收端口，示例如下。

```
ZXAN(config)#mld mvlan 200 receive-port gpon-onu_1/5/1:1 vport 2
```

⑧（可选）查看 MLD 全局配置，示例如下。

```
ZXAN(config)#show mld
MLD global parameters:
```

```
----------------------------------------------------
Mld is globally enable.
Mld log is disable.
Snooping aging time is 300 seconds.
Span vlan is enable.
Bandwidth control is disable.
Host tracking is disable.
Robustness variable is 2.
General query interval is 125(second).
Query max response time is 100(0.1second).
Last member query interval is 10(0.1second).
Last member query count is 2.
Unsolicited report interval is 10 seconds.
Source filter mode is asmssm.
Prejoin interval is 120(second).
Mld v1 mode is accept.
Mld v2 mode is drop.
```

⑨（可选）查看 MVLAN 配置，示例如下。

```
ZXAN(config)#show mld mvlan
Total Num is 1.
VID Status Mode  Host IP   Group Filter Max Groups Act Groups Host Version
---------------------------------------------------------------------
200 enable proxy fe80::c0a8:20e enable   4096       0          v1
ZXAN(config)#show mld mvlan 200
Protocol packet's priority is 0(in proxy/router mode)
K. 配置 IPTV
Act Port is 0
Cvlan is 0
Source Port
----------------------------
gei_1/20/1
Receive Port
----------------------------
gpon-onu_1/5/1:1:2
Group
----------------------------
ff1e::101 - ff1e::103
-- 步骤结束 --
```

3. 配置 IPTV 套餐

（1）摘要

通过 IPTV 套餐管理 IPTV 频道的访问权限。

（2）前提

MVLAN 已配置。

（3）数据规划

IPTV 套餐的数据规划见表 7-19。

表 7-19　IPTV套餐的数据规划

配置项	数据
IPTV频道	名称：stv 组播组IP地址：224.1.1.1
IPTV套餐	名称：pkg1 频道：stv 权限：watch

（4）步骤

① 进入全局配置模式，配置 IPTV 频道，示例如下。

```
ZXAN(config)#iptv channel mvlan 200 group 224.1.1.1 name stv
```

② 创建 IPTV 套餐，示例如下。

```
ZXAN(config)#iptv package name pkg1
```

③ 配置 IPTV 套餐的频道，示例如下。

```
ZXAN(config)#iptv package pkg1 channel stv watch
```

④（可选）查看 IPTV 频道配置，示例如下。

```
ZXAN(config)#show iptv channel
Total channel number :1
-------------------------------------------------------------------
ID mvlan group name
-------------------------------------------------------------------
0 200 224.1.1.1 STV
```

⑤（可选）查看 IPTV 套餐配置，示例如下。

```
ZXAN(config)#show iptv package pkg1
Package name: PKG1
Total channel number: 1
-------------------------------------------------------------------
Ip-address Mvlan Right Id Name
-------------------------------------------------------------------
224.1.1.1 200 Watch 0 STV
-- 步骤结束 --
```

4. 配置 IPTV 权限

（1）摘要

通过配置 IPTV 权限，实现 IPTV 频道的访问控制。

（2）前提

MVLAN 已配置。

IPTV 套餐已配置。

（3）相关信息

ZXA10 C300 支持两级频道访问控制。

当全局 CAC 功能在使能状态下时，IPTV 权限起作用，只有订购套餐的用户才可以观看套餐中的频道。

当全局 CAC 功能禁用时，IPTV 权限不起作用，只有 MVLAN 中的用户才可以观看该 MVLAN 中的频道。

缺省情况下，全局 CAC 功能禁止。

（4）步骤

进入全局配置模式，使能全局 CAC 功能，示例如下。

```
ZXAN(config)#iptv cac enable
```

在 ONU 接口配置模式下，配置 IPTV 权限，示例如下。

```
ZXAN(config)#interface gpon-onu_1/5/1:1
ZXAN(config-if)#iptv package pkg1
ZXAN(config-if)#exit
```

（可选）查看 IPTV 全局配置，示例如下。

```
ZXAN(config)#show iptv control
CAC : enable
SMS : 192.168.0.119
```

（可选）查看 IPTV 接口配置，示例如下。

```
ZXAN(config)#show iptv interface gpon-onu_1/5/1:1
auth-mode : auth
right-mode: package
cdrstatus : enable
service : IN_SERVICE
-- 步骤结束 --
```

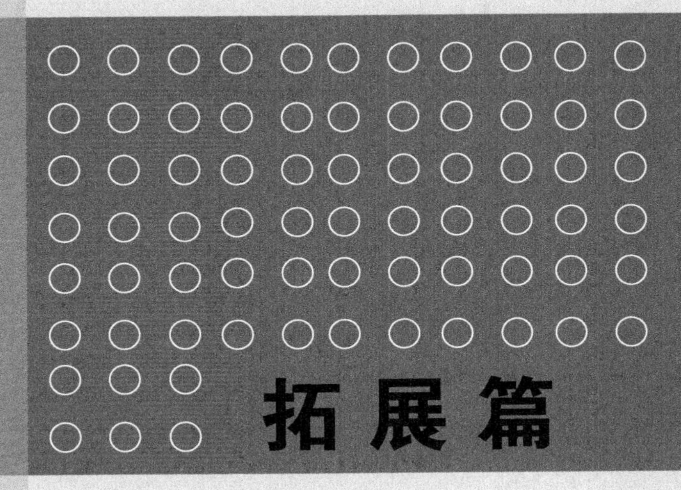

拓展篇

第8章 走进网络维护

【项目引入】

细致、严谨、周密、快速的网络维护工作，是保障现行网络健康运行和不断优化的重要举措。PON作为接入网，承载着广大用户群体的业务接入功能，其节点多、规模大、覆盖面广、场景复杂，故障率也比其他网络高。因此，进行科学的管理和高效的维护就显得尤为重要。

【学习目标】

- 了解设备和NetNumen的日常维护，以及日常维护的分类和注意事项。
- 掌握日常维护和故障定位的常用方法、接入网故障定位思路、排除故障的步骤。
- 分析故障产生的原因、各种故障的分类及定位处理方法。

8.1 日常维护

1. 日例行维护

日例行维护是指每天都要进行的设备维护项目。维护人员在维护设备的过程中要了解设备日常运行的情况，才能够发现问题并及时解决问题。

2. 周期性维护

周期性维护是指按时间段定期进行的设备维护项目，其主要指季度维护。维护人员在维护设备的过程中要了解设备的工作状态和性能变化，及时解决故障。

3. 突发性维护

突发性维护是指在设备发生故障或网络调整时需要及时处理故障的设备维护项目。

8.1.1 日常维护的常用方法

1. 观察法

① 观察单板指示灯的状态，例如，RUN、ALM等指示灯的状态。

② 观察告警箱告警指示灯的状态。

③ 观察网管（维护台）的告警信息。

观察法是维护人员在遇到故障时最先使用的方法，也是处理故障的原始依据，正确判断观察结果是对故障正确分析和正确处理的关键环节。

2. 拔插法

在最初发现某种单板故障时，维护人员可以通过拔插单板和外部接口插头的方法，排除接触不良或单板运行异常导致的故障。

3. 替换法

替换法是指通过使用功能正常的单板来替换待查的单板以确定后者是否存在故障。当使用拔插法不能奏效时，维护人员可以采用替换法。

4. 自环法

当系统的某些部位发生故障时，维护人员可以将与其相关的电路板、机框分离或甩开连接的电缆线来判断是否是相互影响造成的故障。对于同时有输入接口和输出接口的单板，可以通过自环单板的输入接口和输出接口来隔离，以排除相关系统的问题。

5. 渐进法

渐进法是指先拔出机框内所有单板，只保留电源板，然后插入控制单板，等控制单板正常工作后依次插入用户单板，直到插入某块单板时故障复现，由此判断是该单板引起的故障还是该单板所在的槽位引起的故障，之后可以进行更换单板或者更换后背板的操作。

6. 自检法

当系统或单板重新上电时，可通过自检来判断故障。一般的单板在重新上电自检时，其面板上的指示灯会呈现出一定规律的闪烁，可以依此判断单板是否存在问题。

7. 交叉法

当子节点单元故障不能判断问题所在时，维护人员可采用交叉信号性质相同的线路来判断故障点及故障类型。例如，判断光纤是否有问题时，可以采用其他正常工作的光纤来判断故障点及故障类型。

8. 按压法

维护人员采用按压芯片、电缆接头等方法可以排除接触不良产生的故障。

9. 告警日志分析法

通过查看网管终端上显示出的当前告警和历史告警信息，判断系统是否正常运行，定位故障。排除故障后，当前的告警信息消除。

10. 112 测试法

通过 112 测试系统测量用户内线、外线及终端的各项参数，并根据 112 测量结果判断线路和终端的状况。

对于较难处理的故障，可以通过在线测试的方法跟踪业务流程，判断并定位故障。

11. ping 法

对于业务网络和网络管理的故障，可以通过 ping 各节点 IP 地址的方法来定位故障。

8.1.2 日常维护的注意事项

① 保持机房正常的温度和湿度，保持环境整洁，防尘防潮，防止鼠虫进入机房。

② 保证系统一次电源的稳定可靠，定期检查系统接地和防雷接地的情况，尤其是在

雷雨季节来临前和雷雨后应检查防雷系统，确保设施完好。

③ 建立完善的机房维护制度，规范维护人员的日常工作。例如，应有详细的值班日志，详细记录系统的日常运行情况、版本情况、数据变更情况、升级情况、问题处理情况等，便于出现问题后进行分析和处理。应有交接班记录，做到责任分明。

④ 严禁在计算机上玩游戏、看电影等，禁止在计算机安装、运行、复制任何与系统无关的软件或将计算机终端挪作他用。

⑤ 网管口令应该按级设置，严格管理，定期更改，并只向维护人员发放。

⑥ 维护人员应该进行岗前培训，掌握设备的基础知识和相关的网络知识，维护操作时要按照设备相关手册的说明来进行，接触设备硬件前应正确佩戴防静电手环，避免人为因素造成的事故。维护人员应该有严谨的工作态度和较高的维护水平，并通过不断学习提高维护技能。

⑦ 不能盲目对设备复位、加载或改动数据，尤其不能随意改动网元数据。改动数据前要进行数据备份，修改数据后应在一定的时间内（一般为一周）确认设备运行正常，才能删除备份数据并及时备份新数据，改动数据时要及时做好记录。

⑧ 应具备常用的工具和仪表，并定期对仪表进行检测，确保仪表的准确性，常用的主要仪表和工具有以下 9 种。

- 螺丝刀（一字、十字）。
- 信令仪。
- 斜口钳。
- 网线钳。
- 万用表。
- 维护用交流电源。
- 电源延长线和插座。
- 电话线。
- 网线。

⑨ 检查备品备件，要保证常用备品备件的库存和完好性，防止受潮霉变等情况发生。备品备件与维护过程中更换下来的板件分开保存，要做好标记以进行区别，常用的备品备件在缺乏时要及时补充。

⑩ 维护过程中可能用到的软件和资料应该在指定位置就近存放，在使用时能及时拿到。

⑪ 机房照明应达到维护要求，平时灯具损坏应及时修复，不存在照明死角，给维护带来不便。

8.1.3 设备日常维护

ZXA10 C220 光接入局端汇聚设备每日例行维护项目主要包括环境监控维护检查和主设备运行状态维护检查两个部分，具体见表 8-1。

表8-1　每日例行维护项目示例

项目分类	检查项目
环境监控维护检查	电源电压
	机房温度
	机房湿度
	空调运行状态
	防尘措施
主设备运行状态维护检查	风扇运转状态
	EC4G单板运行状态检查
	EPFC单板运行状态检查
	CL1A单板运行状态检查
	EIG/EIGM/EIGMF单板运行状态检查
	CE1B单板运行状态检查
	EIT1F单板状态检查
	检测网管通道
	查看当前告警

1. 电源电压

① 仪表要求：万用表。

② 检测方法：用万用表测量设备输入电源的交流电压和直流电压，并记录相应的数值。

③ 供电要求如下。

- ZXA10 C220 使用直流 –48V 电源，机房应配备交流、直流电源转换设备，提供工作电源，直流电压允许波动范围为 –57 ～ –38V。
- 为保障 ZXA10 C220 在市电停电后不中断工作，需要有相应的不间断供电设施，例如，油机发电机组、蓄电池组等。
- 直流电源电压所含杂音电平指标应满足 YD/T 1970.1—2009《通信局（站）电源系统维护技术要求　第 1 部分：总则》的要求。
- 直流电源应具有过压 / 过流保护及指示。

④ 异常处理：当测试结果不在标准范围内时，维护人员应及时检查输入电源，并确保后备电源处于工作状态。

2. 机房温度

① 仪表要求：温度计。

② 检测方法：因为温度计通常安装在机房固定位置，所以维护人员只需查看当前

温度值，并记录相应的数值。

③ 正常结果：工作环境温度为 –5℃～ +45℃。

④ 异常处理：如果机房未安装空调，为保证设备长期稳定的运行，建议安装空调。

机房已安装空调，检查空调是否正常工作，如果空调工作正常，调节空调温度，建议设置温度范围为 18℃～ 26℃；如果空调工作异常，则应联系空调生产厂商，尽快恢复空调正常工作状态。

3. 空调运行状态

① 检查方法：设备若安装在有人值守的机房，维护人员应每日查看空调（或其他温度和湿度调节设备）能否按照设定的温度（湿度）要求正常工作，如发生故障，请及时联系处理；若安装在无人值守的机房或户外，应至少每月检查一次空调的运转情况，并做记录。

② 正常结果：空调能按照设定的温度（湿度）要求正常工作。

③ 异常处理：若空调有故障，请及时联系空调维修人员检修。

4. 防尘措施

① 检测方法：观察机房灰尘浓度。

② 正常结果：直径大于 5μm 灰尘的浓度每平方米不超过 3×10^4 粒，不能有导电性、导磁性和腐蚀性灰尘。由于在日常维护过程中，难以测量灰尘浓度，维护人员主要通过肉眼观察，应保证设备不积灰、不受污染。

③ 异常处理：建议给机房门窗边缘加装防尘密封橡胶条，采用双层玻璃密封窗户，进入机房更换工作服和换鞋等措施来减少灰尘。另外，机房内及周围保证不存在强磁、强电或强腐蚀性物体，以免产生有害粉尘。对已经产生的粉尘，维护人员可通过吸尘器除去粉尘。

5. 风扇运转状态

① 检查方法：维护人员应每日查看机架风扇的运行状态。风扇若安装在无人值守的机房或户外，维护人员应至少每月检查一次机架风扇的运行状态，并做好记录。

② 正常结果：正常工作。

③ 异常处理：如果风扇有故障，检查风扇插箱的电源线是否正常连接，另外可考虑更换风扇插箱，如仍无法解决，请通知维护人员检修。

6. 检测网管通道

① 在本地超级终端管理界面中 ping 通网元的 IP 地址，测试网元与网管的通信是否正常。

② 正常结果：在本地超级终端管理界面中可以 ping 通网管服务器的 IP 地址。

③ 异常处理：若测试网元与网管中心的通信不正常，请及时检查网元、网管，以及网元与网管连接网络的工作状态。

7. 查看当前告警

① 检查方法如下。

- 在网管终端上，选择相关的网元后，单击“视图”→“告警管理”，在弹出的界面上选择“告警查看”→“当前告警查询”，查看当前网元的所有告警信息，选中告警项，可以分别查看各告警的详细信息。

- 维护人员必须详细记录告警信息，并及时与技术人员联系，定位后解决故障。

② 正常结果：无异常告警。

③ 异常处理：发现告警信息时必须做详细记录，若网管终端显示当前有告警，请参见“8.1.6～8.1.7 节告警信息及处理”的说明排除故障。

8.1.4　每周例行维护

每周例行维护的项目见表 8-2。

表8-2　每周例行维护的项目

项目分类	维护项目
系统维护	病毒检查
告警整理	告警记录整理

注：用户可以根据需要增加其他维护项目。

1. 病毒检查

① 检查方法：每周定期对网管计算机进行全面杀毒。

② 正常结果：无病毒或病毒被正常杀除。

③ 异常处理：若发现无法正常杀除的病毒，维护人员应及时更新防病毒库或杀毒软件，建议使用具有定时杀毒及定期更新功能的杀毒软件；同时，日常维护中要注意后台计算机的病毒防范：不用软驱或者光驱进行与维护无关的读写操作，当必须读写软盘或者光盘时，应保证软盘或者光盘未感染病毒。

2. 告警记录整理

① 检查方法：维护人员可以根据实际情况删除网管数据中过期的告警记录。

在网管系统中的操作方法是：选择相关的网元后，单击“视图”→“告警管理”，在弹出的界面上选择“告警查看”→“历史告警查询”，显示历史告警信息。维护人员可根据需要设置告警查询条件，显示历史告警和通知消息，逐条检查告警和通知消息，对于已恢复的告警消息和通知消息可以单击“删除”按钮，将其删除。

② 正常结果：删除网管数据中过期的告警记录。

③ 异常结果。

- 检查网管和网管服务器是否工作正常。
- 检查网元。

8.1.5　月度例行维护

1. 清洁机柜

① 检查方法：观察机柜内部及表面的清洁情况。

② 正常结果：机柜清洁良好，无积灰，无明显污渍和异物。

③ 异常处理：使用无水酒精清洁机柜表面的污渍，注意不要污染到内部板卡和元器件；拆除下侧面和柜底防尘网，用中性洗涤液清洗，并彻底干燥。同时检查机柜内部是否存留异物并及时去除。若遇到不能自行处理的问题，应及时上报检修。

2. 检查电源线和地线

① 仪表要求：无。

② 检查方法：检查电源线、地线连接是否牢固，是否有锈蚀。

③ 正常结果：电源线、地线连接牢固，无锈蚀。

④ 异常处理：当电源线、地线连接有问题时，请立即重新连接或更换。

3. EC4G 单板数据备份

① 备份方法。

在网管主逻辑视图下，选择网元右键菜单中的“系统配置”→“配置文件上下载”，弹出如图 8-1 所示界面。选中需要进行备份的数据，单击“开始”按钮进行数据备份。完成备份后，“上载状态”中会显示成功或失败的消息。同时，在网管服务器的相应目录下会有信息。

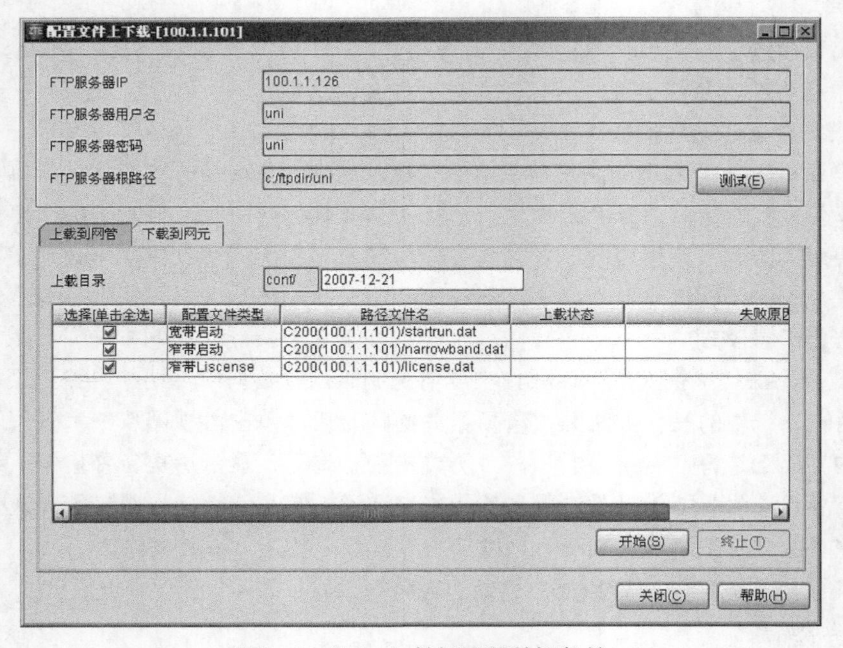

图8-1　EC4G 单板配置数据备份

② 正常结果：ZXA10 C220 网元的 Flash 中的配置文件被成功保存在 FTP 服务器上。

③ 异常处理：若不能上传数据，请检查 EC4G 单板的工作情况。

4. 网管数据备份

在网管主逻辑视图菜单下选择“视图”→“策略管理”，在弹出的界面上选择“操作”→“策略创建”，弹出如图 8-2 所示的界面。

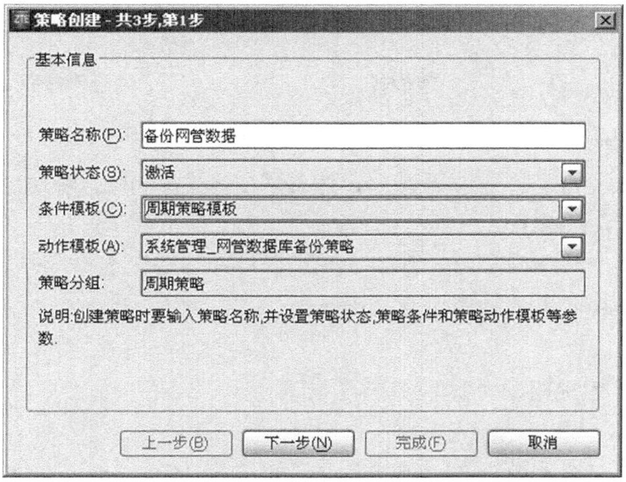

策略创建 - 共3步,第1步
基本信息
策略名称(P):
备份网管数据
策略状态(S):
激活
条件模板(C):
周期策略模板
动作模板(A):
系统管理_网管数据库备份策略
策略分组:
周期策略
说明:创建策略时要输入策略名称,并设置策略状态,策略条件和策略动作模板等参数.
上一步(B)
下一步(N)
完成(F)
取消

图8-2　策略创建界面1

给出策略名称，选择动作模板为“系统管理 _ 网管数据库备份策略”，单击“下一步”按钮，在弹出的界面上配置备份的开始时间和其他参数，策略创建界面 2 如图 8-3 所示。

策略创建 - 共3步,第2步
条件模板
开始时间(T):
2007-12-26 14:12:31
天(D):
小时(H):
分钟(M):
秒(S):
2007 - 12
日 一 二 三 四 五 六
14 : 12 : 31
确定
时间以及该策略的执行
上一步(B)
下一步(N)
完成(F)
取消

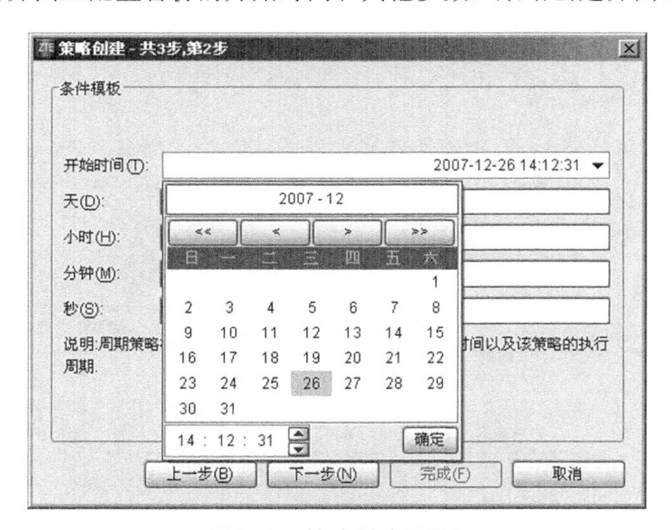

图8-3　策略创建界面2

单击“下一步”按钮，在弹出的界面上单击“完成”按钮，完成策略创建。当策略执行的条件满足后，策略会执行，备份的网管数据在缺省情况下被保存在网管服务器的目录中。

5. 操作日志整理

① 整理方法：在网管主逻辑视图菜单下选择“视图”→“日志管理”，可浏览相关操作的开始时间和结束时间，鼠标右键单击某一日志，选择“删除选中记录”，可删除选中的日志。

② 正常结果：删除网管数据中过期的操作日志记录。

③ 异常处理：请联系相关维护人员。

6. 维护台磁盘空间整理

进入 Windows 资源管理器，鼠标右键单击计算机的各个硬盘分区的盘符，在弹出的菜单中选择“属性”，显示各分区的硬盘空间使用情况，释放不必要的备份文件或将备份文件转移到其他存储介质。

在相应磁盘分区的“属性”界面上，选择“工具”，单击“开始整理”按钮，系统开始整理磁盘上存在的碎片。

正常结果：硬盘各个分区中的空闲空间应保持在该分区容量的一半。

异常处理：请联系相关维护人员。

7. 地阻测试

① 检查方法：用地阻仪测试机房接地电阻。

② 正常结果如下。

- 容量 10000 门以上的设备，地阻值应小于等于 1Ω。
- 容量 2000 门到 10000 门的设备，地阻值应小于等于 3Ω。
- 容量 2000 门以下的设备，地阻值应小于等于 5Ω。
- 如果用户由于条件所限，采取 3 种地线联合接地时，地阻值应小于 1Ω。

③ 异常处理：如果地阻值过高，请检查接地。

8.1.6 告警信息汇总

告警信息是设备运行过程中出现问题或故障时的提示信息。ZXA10 C220 的告警信息按严重程度可分为严重告警、重要告警、普通告警和轻微告警，在网管系统中，告警级别可以根据需要修改。ZXA10 C220 告警信息汇总见表 8-3。

表8-3 ZXA10 C220告警信息汇总

默认告警级别	告警信息	代码
严重告警	单板掉线	33037
	信号丢失	35273
	线卡更新版本失败	38401
重要告警	ONU信号丢失	35113
	ONU帧丢失	35114
	ONU信号失效	35116
	ONU远端缺陷指示	35120
	ONU启动失败	35121
	ONU物理设备异常	35128
	OLT信号丢失	35173
	OLT帧丢失	35174

续表

默认告警级别	告警信息	代码
普通告警	ONU窗口抖动	35115
	ONU信号弱化	35117
	ONU GEM定界丢失	35119
	ONU去激活失败	35122
	ONU应答丢失	35123
	ONU PLOAM丢失	35125
	ONU错误消息	35126
	ONU链路不匹配	35127
轻微告警	CPU过载	33035
	MEM过载	33036
	ONU掉/关电	35124
	关掉ONU	35184

8.1.7　告警处理

对不同级别的告警，维护人员应采取不同的处理方法。

当出现严重告警信息和重要告警信息时，维护人员一般应立即通知厂家当地的办事处，在厂家工程师的指导下处理问题。

当出现普通告警信息时，维护人员可以在记录下问题和故障现象后，按照本章的相关处理方法进行处理，在无法处理时通知厂家当地办事处。

当出现轻微告警信息时，维护人员应提醒用户一些可能影响业务的事件，例如，CPU、内存过载及 ONU 掉电等。

（1）严重告警

严重告警的级别最高，维护人员应立即处理相关故障。网管上的严重告警及处理建议见表 8-4。

表8-4　网管上的严重告警及处理建议

严重告警	处理建议
单板掉线	检查单板是否在位，是否插紧。若单板在位，请尝试重新拔插单板；若重新拔插单板问题依旧存在，请更换槽位或更换单板
信号丢失	检查光纤连接是否正常，接头是否插紧；测试光功率是否正常，若上述测试均正常，请尝试更换光纤或单板
线卡更新版本失败	检查版本是否为有效版本，查询CPU占有率是否正常

（2）重要告警

维护人员必须及时处理重要告警，否则可能会造成全局设备瘫痪。网管上的重要告警及处理建议见表 8-5。

表8-5　网管上的重要告警及处理建议

重要告警	处理建议
ONU信号丢失	检查光路是否正常，各处接口是否松动，衰减是否合适，光模块发光功率是否正常
ONU帧丢失	
ONU信号失效	
ONU远端缺陷指示	
OLT信号丢失	
OLT帧丢失	
ONU启动失败	测距失败，检查光纤距离是否在有效范围，光功率是否合适
ONU物理设备异常	更换ONU

（3）普通告警

普通告警一般会造成系统部分业务功能丧失或业务性能的下降，要求维护人员必须及时处理。网管上的普通告警及处理建议见表 8-6。

表8-6　网管上的普通告警及处理建议

普通告警	处理建议
ONU窗口抖动	若ONU时钟模块有问题，则更换ONU
ONU信号弱化	检查光路是否正常，各处接口是否松动，衰减是否合适，光模块发光功率是否正常
ONU GEM定界丢失	检查光模块参数设置
ONU去激活失败	确认ONU是否支持该功能
ONU应答丢失	确认是否某些功能的PLOAM消息ONU不支持
ONU PLOAM丢失	检查ONU状态是否正常，重启ONU观察是否能够恢复
ONU错误消息	确认是否ONU启用了某些OLT不支持的功能，关闭ONU相关功能，更换ONU型号
ONU链路不匹配	检查ONU状态是否异常，检查OLT和ONU保护设置是否正确

（4）轻微告警

轻微告警一般会提醒用户一些可能影响业务的事件，需要引起注意。网管上的轻微告警及处理建议见表 8-7。

表8-7　网管上的轻微告警及处理建议

轻微告警	处理建议
CPU过载	确认是否进行特殊操作，检查协议配置是否正常，检查网络是否存在异常协议包
MEM过载	检查配置是否正常，删除多余配置，停止不需要的协议
ONU掉/关电	检查ONU供电是否正常，开关是否打开

8.2 网络排障

8.2.1　故障定位与处理

1. 故障的分类

故障的准确分类有利于快速地定位故障和解决故障。故障分类按照产生的原因来分，一般分为硬件故障、人为故障和软件故障。

① 硬件故障：单板硬件故障或连接线损坏。硬件故障虽然看似简单，但有时查询故障点位颇费功夫，这就需要维护人员足够了解设备，并有清晰的分析思路，尽快缩小故障范围直至定位故障源。处理此类问题时，维护人员可以通过替换正常单板与故障单板来判断故障源是否定位正确，如果定位准确，则更换单板后能够立即解决故障。

② 人为故障：人为原因（例如，连错线、配错数据和用错版本等）造成的工程故障。为了把此类故障降到最低，维护人员在操作过程中应该认真、仔细地做好每一个环节，要明确处理这类问题的重点在于定位。

③ 软件故障：通过升级某些单板的程序版本来解决相关问题。

2. 故障信息收集与汇总

故障信息收集与汇总是故障处理最开始的环节，也是非常重要的环节。能否准确定位故障和有效地分析故障，很大程度上取决于前期故障信息的收集是否全面。

故障信息的收集主要有以下 3 种途径。

① 现场维护人员的描述。

② 咨询用户。

③ 收集网管的告警信息。

3. 故障分析的依据

故障分析必须以故障现象为依据，从而进行故障的定位与处理。一般故障的依据分为以下 5 类。

① 观察设备的状态。设备状态主要反映在各种单板的指示灯上，有许多故障均可从单板的指示灯上看出来，这就需要维护人员比较了解设备的指示灯，例如正常工作时，哪些单板的指示灯是闪烁的，哪些单板的指示灯是长亮等。处理故障时，维护人员可以直接对那些状态不正常的单板进行处理。

② 网管的告警和通知消息。网管反映出来的问题主要是告警，告警可以帮助维护人员判断故障。

③ 维护人员对故障的描述。

④ 用户对故障的描述。

⑤ 对接设备的告警。

4. 故障处理的分析思路

明确的故障处理分析思路有助于高效、快速地解决故障。按照“流”故障处理分析思路分析用户信息流的走向：需要经过的单板或者设备，需要配置的数据，哪些单板需要软件版本支持等，也就是从业务的发起设备到业务的终结设备之间的信令流走向。理解了这些，维护人员可以缩小处理故障的范围，事半功倍地处理好故障。理解一些产品的功能原理，对于判断和定位故障是非常重要的，例如，VLAN、CES、QoS 等。

① 检查硬件的运行状态，有以下 3 种方式。

- 现场查看设备的运行状态。
- 通过网管查看设备的运行状态。
- 远程登录设备查看其运行状态。

② 检查物理链路是否正常，有以下 4 个方面。

- 测量光功率。
- 检查光模块。
- 检查光纤接头和法兰盘。
- 检查网线、2Mbit/s 线路的连通情况。

③ 检查软件版本是否正确，各个板卡的软件版本是否匹配。

④ 检查用户数据和管理数据是否配置正确。

5. 故障处理常用方法

① 观察法：观察法是维护人员在遇到故障时最先使用的方法，也是处理故障的原始依据，对观察结果的正确判断是正确分析故障和正确处理故障的关键之处，观察项目如下。

- 观察单板指示灯的状态，例如，RUN、ALM 等指示灯的状态。
- 观察告警箱告警指示灯的状态。
- 观察网管（维护台）的告警信息。

② 拔插法：最初发现某种单板故障时，维护人员可以通过拔插单板和外部接口插头的方法，排除接触不良或单板运行异常导致的故障。

③ 替换法：替换法是通过使用工作状态正常的单板来替换待检查单板以确定后者是否存在故障的方法。当用拔插法不能奏效时，维护人员可以采用替换法。

④ 告警日志分析：告警日志是指网管终端显示的日志信息。通过查看网管终端上显示的当前告警和历史告警日志，判断系统是否正常运行，发生故障后定位故障。排除故障后，当前的告警信息被消除。

⑤ ping 法：对于业务网络和网管网络的故障，维护人员通常采用 ping 各节点 IP 地址的方法定位故障。

⑥ 镜像抓包：抓包工具很多，例如 Ethreal、WireShark、Sniffer 等。其中，Ethreal 和 WireShark 较为常见。Ethreal 和 Wireshark 工具为同一产品的不同版本，但 Ethreal 的应用比较广泛，版本也比较新。

8.2.2　语音故障案例处理

1. 摘机无音

① 故障现象：摘机后听不到拨号音。

② 原因分析：摘机后听不到拨号音的原因可能有以下 4 种。

- 线缆故障。
- 硬件故障。
- 网络问题。
- 数据配置错误。

③ 处理方法如下。

a. 摘机无馈电。

ONU 下接电话，用户摘机无音，首先需要检查话机的指示灯是否亮，即检查话机是否有馈电。如果没有馈电，首先要检查用户线、用户线电缆、话机，以及 ONU 终端是否正确连接。如果正确连接，需要检查线是否是有短路或断路，若有上述故障则可以考虑更换电话线。

b. 摘机有馈电，参照以下步骤排查。

- 用户“吊死”，这种情况可以把该用户当作被叫，用其他话机拨打该用户的话机察看是否能解决问题，如果不能解决问题，复位语音板。
- PON 和 SS 之间的链路不通，导致 SS 没有收到 PON 上报的摘机消息，所以就不会下放拨号音消息，这种情况应该检查网络是否有问题。
- PON 和 SS 上的 TidName 配置是否一致，如果不一致，摘机上报后 SS 会给 PON 回错，这种情况也听不到拨号音。

2. 摘机忙音

① 故障现象：用户摘机忙音。

② 原因分析：用户摘机忙音的原因可能有以下 3 种。

- ONU 未注册。
- 软交换下发忙音信令。
- 数据配置错误。

③ 处理方法如下。

- 首先检查相关的数据配置，同时检查软交换侧的数据配置。
- 检查 ONU 侧数据配置的正确性，同时确认软交换侧数据配置是否正确。
- 确认双方数据配置没有问题时，再提供抓包进行分析，抓包时提供 MGCP 或者 H248 协议即可。

3. 呼叫失败

① 故障现象：用户呼叫失败。

② 用户呼叫失败的原因可能有以下 4 种。

- 话机问题。
- 语法问题。
- ONU 配置问题。
- 软件换数据配置问题。

③ 处理方法如下。

a. 未拨完号码后失败：ONU 终端用户拨号后，号码没有拨完就失败了。

- 更换话机进行测试。
- 信令跟踪或者抓包查看号码图表是否存在语法问题。
- 检查号码图表容量是否超大。
- 检查 ONU 终端的长定时和短定时配置。缺省情况下，长定时为 2000ms，短定时为 500ms，维护人员需要分别更改成 500 ms 和 300 ms。

b. 拨完号码失败：这类故障的主要原因在于软交换应进行信令跟踪或者抓包分析。

4. 拨号后听忙音

① 故障现象：拨部分号码或全部号码后听忙音。

② 原因分析：拨部分号码或全部号码后听忙音可能有以下 3 种原因。

- SS 号码表不匹配。
- 信令出错。
- 同一个 PON 接口下面不能互通。

③ 处理方法如下。

- 拨部分号码后听忙音，应该是用户拨的号码在 SS 号码表中没有找到匹配的条目，或者 PON 上设置的位间定时器太长，导致 SS 认为收号超时（和华为 SS 对接时会有这种情况）。
- 拨完全部号码后听忙音，跟踪 H.248 或 MGCP 信令，看看信令上是否有给 SS 回错的地方。如果信令没错，则是 SS 找不到被叫或被叫给 SS 回错，需要从 SS 或被叫侧查起，如果被叫也是 PON，则可以跟踪信令，通过信令判断问题在哪里。
- 用户是否在同一个 OLT、同一个 PON 下不同 ONU 之间打电话，如果是则需要在 OLT 上发起 Arp Agent 或者 Arp Proxy。

5. 语音质量问题

① 故障现象如下。

- 通话正常接续，但是语音断续。
- 通话正常接续，但是有杂音。
- 通话正常接续，但是有串音。
- 通话回音。

② 语音质量问题可能有以下 3 种原因。

- 网络问题。

- 物理连接问题。
- 用户所处环境问题。

③ 处理方法：语音断续。此类问题主要是丢包引起的。遇到此类问题时，维护人员可以先从网络上排查，具体如下。

- 登录终端的语音地址，然后 ping 被叫网关的 IP 地址，判断是否存在丢包。
- 抓包分析。将抓到的 RTP 包，使用 Ethreal 工具进行 RTP 分析，确定是否丢包，哪个方向丢包。抓包时不做过滤。必要时，维护人员需要在 ONU 和 OLT 侧同时抓包进行对比分析，确认故障点。
- 丢包还有可能是由设备内部丢包引起的，这类故障的解决方法主要依靠升级终端版本，或者更换设备硬件。

④ 杂音。

- 排除外线、话机等问题，杂音问题一般和这些有关。
- 接地也会影响语音质量，设备须按照要求接地。
- 确认上述方法无法解决问题后，需要进行抓包分析，抓包时不做过滤。必要时，维护人员需要在 ONU 和 OLT 侧同时抓包进行对比分析，确认故障点。

⑤ 串音：单通问题主要是网络引起的。

- 承载网络问题引起单通，这类故障需要从两个方向检测网络的通断。
- 还有可能是 OLT 上同时启用了 P2P 和 ARP Proxy。
- 回音问题首先要排除是否为现场环境造成回声，判断方法可以考虑更换环境进行拨打对比测试。
- 如果确认不是环境问题造成的，应该是设备内部造成的回声，这类问题需要首先明确回声的方向，同时需要抓包。
- 抓包时不做过滤。

6. POS 机、调制解调器、传真、智能公话问题

① 故障现象：传真、调制解调器都需要有从语音切换到传真、调制解调器的过程，如果语音过程就有问题，参照本章其他小节的排查方法。

② 原因分析：这类故障的原因可能有很多种，以下将分别从传真、调制解调器和 POS 机、智能公话的业务来说明。

③ 处理方法如下。

a. 传真问题。

在解决传真问题之前，请先确认和了解以下内容。

确认 SS 和中继网关（TG）的厂商，了解它们的传真配置是全控还是 ZTE 自协商方法，以及 TG 侧的传真模式；确认用户的传真机没有问题，如果无法确认这一点，则用一个没有问题的传真机做测试。

- 修改并确定传真切换方法和传真模式。

在设备之间进行传真业务，推荐将 ONU 配置为 ZTE T30，TG 配置为 Robust。如果是对接 HW 的 SS 和 TG，ONU 配置为 Full Control T38 或 Full Control T30 都可以。

在 ZTE 的设备之间进行传真业务，本书建议在 ONU、TG 上均配置冗余传输。如果配置传真模式为 T38，建议配置 TCF Procedure 为 Procedure 2，配置 SpeedLimit 为 14.4 kbit/s。其他参数按缺省配置即可。

如果现场允许修改 ONU 配置。在出现问题后，先检查 ONU 的传真配置是不是推荐配置。如果不是，则修改 ONU 配置为推荐配置，并在同一个 ONU 内部进行传真，验证是否能够解决问题。

如果现场不允许修改 ONU 配置。检查 ONU 配置，看期望配置与实际配置是否一致。如果不一致，则更改 ONU 配置，并在同一个 ONU 内部进行传真，判断是否解决问题。

如果修改配置后，ONU 内部的传真正常则说明 ONU 工作正常。如果此时 ONU 与 TG 之间的传真不正常且是 ZTE 的 TG，则检查 ONU 与 TG 关于传真的配置是否一致。如果不一致，则立刻与相关人员联系，根据现场情况确定到底是使用哪种配置。其他情况，则进入下一步。

- 检查信令和媒体包，确定媒体通道切换到传真模式。

媒体通道由语音模式切换到传真模式的两种切换方式：一种是 RTCP-App 方式（ZTE 自协商方式），另一种是 SS 全控方式。在确认了配置正确时，如果传真仍然不正常，则需要抓包分析确认媒体通道已由语音模式切换到了传真模式，确认的依据就是能够找到相应的切换信令。维护人员可以考虑在 AG 上做镜像，将 CNIC 网口上的包镜像出来，这样就可以抓取 AG 内部的媒体包和信令包。

如果配置切换方式为 SS 全控，则应该看到完整的一列 H.248 信令。如果配置传真模式为 T38 优先，并且协商完成后确实成为 T38，维护人员则应该能看到收发双向的 UDPTL 包，并在 UDPTL 包中看到收发双方的 TCF 过程成功，即看到 CFR。

如果配置切换方式为 RTCP-App，维护人员则应该看到完整的 Request 与 Response。如果配置传真为 T38，则应该看到收发双向的 UDPTL 包，并在 UDPTL 包中能看到收发双方的 TCF 过程成功，即看到 CFR。如果配置传真模式为 T30，则在收发双方用 RTCP-App 包“握手”成功后，应能看到收发双向的冗余包。

如果确定了 ONU 的配置正确，但在包中没有看到相应的切换信令，或者看到切换信令后媒体包不正常，维护人员则应立刻与相关人员联系。其他情况，则进行下一步。

- 检查丢包率和硬件环境。

如果确认了配置正确、信令和媒体包正常，但 AG 内部传真仍然有问题，如果测试用的传真机没有问题，那会是硬件问题和丢包导致传真失败。如果 AG 内部传真正常，但在 AG、TG 之间的传真不正常，那会是 TG 的问题和丢包导致传真失败。

b. 调制解调器、POS 机问题。

首先判断是否存在丢包，是设备内部丢包还是外部丢包，必要时还需要在 ONU 和 OLT 侧同时抓包，确定丢包点在什么地方。排除丢包的可能性后抓包分析，抓包不设置过滤条件，必要时还需要采用 UDP Watch 打印日志供研发人员分析。提供信息步骤如下。

- 检查信令是否有正常的调制解调器事件上报。

- 检查信令是否有语音到调制解调器的切换过程。
- 如果上面都没有问题，需要抓取 TDM Trace、IP 包和 UDP Watch 进行分析。

c. 智能公话问题。

该问题需要抓包供研发人员分析，抓包不设置过滤条件，必要时还需要采用 UDP Watch 打印日志供研发人员分析。排查步骤如下。

- 如果是打电话过程中有问题，则参照本章其他节的方法排除。
- 其他情况则要确认信令是否有问题。
- 抓取 TDM Trace、IP 包和 UDP Watch 进行分析。

8.2.3 数据故障案例处理

1. 数据业务全阻

（1）故障现象

① 网管显示 ONU 断连，用户业务中断。

② 出现大面积用户反映不能上网，而且都集中在该 ONU 上。

（2）原因分析

① 设备掉电。

② 上行接口断连。

③ 主控板 / 用户板硬件故障或者软件版本故障。

④ 线缆连接问题。

⑤ ONU 没有注册上。

（3）处理方法

① 设备掉电。给设备上电，并且观察启动情况，直至所有业务恢复正常。

② 上行端口断连。

- 测量从光分路器侧发送过来的光功率。
- 测量 ONU 发出的光功率，查看是否有长发光的 ONU。
- 检查光模块，更换光模块。
- 查看上行端口工作模式是否与上层设备端口模式一致。

③ 主控板 / 用户板硬件故障或者软件版本故障。

- 检查单板硬件状态是否正常，单板状态说明如下。

Inservice：单板在用，状态正常。

Offline：单板离线（已经配置好，但是目前处于离线状态）。

Hwonline：单板未添加或者主控板不识别该类型单板。

如果单板状态不正常，维护人员可以考虑重启设备察看是否可以恢复业务；如果依然不行，需要考虑更换单板。

- 检查软件版本是否为最新版本，如果不是，可以考虑升级软件版本。检查用户板和主控板的软件版本是否一致。

④ 检查硬件安装情况，重新插紧用户线缆插头。

2. 管理地址不通

（1）故障现象

无法 ping 通 ONU 管理地址。

（2）原因分析

① 光损耗大。

② 数据配置错误。

③ IP 地址冲突，MAC 地址冲突。

（3）处理方法

① 检测光路是否正常。使用光功率计进行测试。维护人员在维护过程中曾经发现一些光功率计测试指标符合标准，但是又注册不上的情况，后来发现测量使用的仪器有问题。

② 检查数据配置是否正确。

③ 检查多个 ONU 是否存在 IP 地址或者 MAC 地址冲突问题。IP 地址冲突问题比较容易排查，使用常规手段即可诊断。带内管理 MAC 冲突的排查方法和上述语音 MAC 查找方法相同。

④ GPON 终端侧检测 ONU 是否可以 ping 通。

从远端 OLT 侧 ping ONU 的管理地址，此时在 ONU 侧进行镜像抓包，看是否可以看到 OLT 侧发过来的 ICMP 包（ping 包）。

如果收到 ICMP 包，即可确认是 ONU 的问题；如果没有收到 ICMP 包，即不是 ONU 的问题。

3. 上网速度慢、丢包严重、经常掉线

（1）故障现象

① 打开网页、下载速度慢。

② 用户 ping DNS 丢包现象严重。

③ 经常掉线。

④ 拨号成功率低。

（2）原因分析

① 上行链路光信号损耗过大。

② 上行端口和上层设备端口的工作模式不一致。

③ 单板（主控板、用户板）硬件故障或者软件版本故障。

④ ONU 的上下行带宽配置有误。

⑤ 洪泛转发问题。

⑥ 用户速率模版应用错误。

⑦ MAC 地址环回。

（3）处理方法

① 上联光纤（光模块）受损，导致光信号损耗过大。测量光信号损耗，更换光纤（光模块）。

② 上行端口和上层设备端口的工作模式不一致。检查上行端口配置。

③ 端口状态必须是 UP，工作模式必须和上层设备端口的工作模式一致。

④ 单板（主控板、用户板）硬件故障或者软件版本故障。

- 重启单板。
- 拔插单板。
- 降低单板温度。
- 更换单板。

（4）在 OLT 上检查并修改针对 ONU 的上下行带宽

① 检查 ONU 带宽设定是否过小。

② 检查上行保证带宽和最大带宽数据是否一致。如果一致会产生一种情况，即当数据流在保证带宽的范围内时业务正常，但是当网络繁忙或者拥塞时会出现突发数据流大于最大带宽的情况，就会出现数据业务异常。

修改命令如下。

配置上行带宽。

```
ZXAN(config-if)#bandwidth upstream assured maximum
```

配置下行带宽。

```
ZXAN(config-if)#bandwidth  downstream  maximum
```

（5）洪泛转发状态

有些组网环境下可能存在大量的未知包（例如，OLT 上启用了灵活 QinQ，且关闭洪泛抑制），洪泛包可能与用户端口带宽冲突，建议关闭洪泛转发。

① 检查用户速率模板。查看模板中上下行速率配置是否正确，交织模式应用是否正确。

② 检查是否存在 MAC 地址环回。

MAC 地址环回主要存在于相同的 MAC 地址，在同一 PON 口下的 ONU 中同时出现。环回产生后，终端拨号的成功率就非常低。多次拨号才可能偶尔一次或者几次成功。

4. PPPoE 拨号常见错误码排查

① 错误 691/629：不能通过验证这种情况可能出现的原因是用户的账户或者密码输入错误，或用户的账户余额不足，用户在使用时未正常退出而造成用户账号驻留，可等待几分钟或重新启动后再拨号。

② 错误 630：无法拨号，没有合适的网卡和驱动。这种情况可能的原因是网卡未安装好、网卡驱动不正常或网卡损坏，可考虑检查网卡是否正常工作或更新网卡驱动。

③ 错误 633：找不到电话号码簿，没有找到拨号连接。这种情况可能是没有正确安装 PPPoE 驱动或者驱动程序已遭损坏，或者 Windows 系统有问题，建议删除已安装的 PPPoE 驱动程序，重新安装 PPPoE 驱动，同时检查网卡是否正常工作。如果仍不能解决问题，就可能是 Windows 系统有问题，建议重装 Windows 系统后再添加 PPPoE 驱动。

④ 错误 697：网卡禁用。这种情况只需要在设备管理中重新启用网卡即可。

⑤ 错误 678：无法建立连接。这种情况比较复杂，用户和 BRAS 链路中任何一个环节有问题，都可能导致“678 故障”，应根据不同的情况做相应处理。

8.2.4 组播故障案例处理

1. 故障现象

IPTV 出现的故障主要有图像停滞、卡顿、频道切换慢等。

2. 原因分析

① 数据配置不正确。

② 网络问题。

3. 处理方法

检查组播配置是否正确。维护人员可以查询主控板上收到加入包的组播组 MAC 地址，加入组播组的端口及对应的组播 VLAN，以及检查该 MAC 地址是否对应配置的组播 IP。

如果配置组播组成功，就可以查询到组播组记录。如果存在 ONU 发的加入包，就能查询到该组播组中已经加入的 ONU 及 ONU 的接口。机顶盒发出加入包给 ONU 后，维护人员可在用户标识列表中查询组播 VLAN，在目的 MAC 列表中查询组播 MAC 地址。如果显示还是 0，说明 ONU 上没有建立起组播组，需要检查 ONU 的配置或者机顶盒的配置。

检查 ONU 接口 TAG 是否剥离，需要通过抓包分析检查网络的情况。

延展阅读

网络维护工作烦琐、任务量大、时效性高、突发性强，非常考验通信维护工程师的工作责任感和敬业精神。网络维护岗位虽然十分平凡，但所发挥的作用和价值却是十分巨大的。在工作中，网络维护工程师要敢于担当，乐于奉献，爱岗敬业，甘愿在平凡的岗位上不忘初心、牢记使命，为通信网络的高质量运行贡献力量。

第9章 未来PON技术展望

【项目概述】

PON技术是一种基于无源ODN的宽带接入技术，上下行传输波长独立，数据时分复用。PON采用点到多点拓扑，一个PON接口可以连接多个ONU，有效节省局端资源。连接OLT和ONU的ODN采用纯光介质，全程无源，避免了电磁干扰，环境适应性强，易于扩展和升级，加之业务发展迅猛的驱动，使PON技术得以不断发展。

【学习目标】

- 了解PON技术的发展历程。
- 了解50Gbit/s PON技术将在我国备受青睐的缘由。

9.1 PON技术的发展历程

在PON技术的发展历程中，国际标准组织FSAN/ITU-T和IEEE起到了巨大的推动作用。PON技术起源于早期的APON/BPON，商用PON技术历经更迭，目前从GPON和EPON时代逐步迈入10Gbit/s PON时代，并逐渐向着适应未来接入网高速率、低时延、智能化特点的下一代PON技术储备和布局。PON技术的演进路线见表9-1。

表9-1 PON技术的演进路线

阶段	GPON/EPON	10Gbit/s PON	50Gbit/sPON、100Gbit/s PON	
下行速率	1～2.5Gbit/s	10～25Gbit/s	25～50Gbit/s	
IEEE	EPON	10Gbit/s EPON	$N\times$10Gbit/s 1×25Gbit/s EPON 2×25Gbit/s EPON	50～100Gbit/s EPON
ITU-T	GPON	XG PON XGS PON XG PON2	1×50Gbit/s PON 4×50Gbit/s PON	50～200Gbit/s PON

9.2 50Gbit/s PON技术

基于生成式AI、元宇宙、AR/VR、工业互联网等诸多应用的兴起和快速发展，人们对具有更大带宽、更低时延、更高可靠等特征的网络需求日趋强烈。这不仅对接入网络支持的业务类型、时延等提出新的要求，也要求电信运营商在网络升级时满足从千兆时代迈向万兆时代的需求。

Omdia 在光纤和铜缆接入设备预测报告中显示，PON 设备接口收入预计在 2020 年至 2027 年以 12.3% 的年复合增长率增长，到 2027 年有望达到 163 亿美元，远高于 2020 年的 82 亿美元。

从新的网络接入需求分析可以看出，不仅 EPON/GPON 不能胜任，10Gbit/s EPON/XG-PON 也力不从心，需要更高速率的 PON 技术。国外企业（如诺基亚等）选择了 25Gbit/s PON 发展路线，但在我国基于庞大用户量的基础上发展 25Gbit/s PON 的意义不大。我国三家电信运营商提前布局 50Gbit/s PON 技术，而且将其作为未来 5 ～ 10 年的主流商用技术。

中国电信已深耕 50Gbit/s PON 多年，并将光接入网视为中国电信云网融合的重要组成部分。中国电信于 2016 年启动了下一代 PON 技术预研，并在 ITU-T 共同立项 50Gbit/s PON 标准，牵头架构和需求标准 G.9804.1 及多代 PON 共存的 G.9805 标准的制定，在行业内提出了 2 代和 3 代 PON 多模共存的方案。2021 年 3 月和 2022 年 8 月，中国电信联合华为，针对功率预算、速率、波长等关键特性，分阶段完成 50Gbit/s PON 样机验证，可支撑电信运营商现网不同 PON 系统向 50Gbit/s PON 平滑演进升级，并积极探索园区、基站回传等领域内的应用验证，积极挖掘 50Gbit/s PON 在千行百业的商业价值，与合作伙伴一起推动 50Gbit/s PON 技术的发展和应用，繁荣生态。

中国移动认为下一代光接入网的核心技术架构是 50Gbit/s PON+FTTR 智能协同，并提出“提升全光接入性能、增强全光千兆无缝覆盖、引入智能协同”三大技术发展理念。中国移动认为，50Gbit/s PON 中低时延和网络切片技术的应用，将支持更多的业务场景，包括家庭和企业宽带业务、一体化 5G 基站回传、垂直行业应用等。在 2022 中国移动合作伙伴大会上，中国移动研究院联合业界合作伙伴发布《NGOAN[1] 技术发展白皮书》。

中国联通认为，10Gbit/s PON 之后，PON 产业将会在 ITU-T 定义的 50Gbit/s PON 走向融合，50Gbit/s PON 可以满足万兆业务应用创新的发展需求。在 2021 年，中国联通发布 CUBE-Net 3.0 网络架构（CUBE-Net 2.0 是中国联通 2015 年发布的新一代网络架构，其愿景内涵包含：面向客户体验的泛在超宽带网络体系，面向内容服务的开放生态网络环境，面向云服务的极简极智弹性网络架构）。CUBE-Net 3.0 在此基础上又提升了其使命内涵，携手合作伙伴共同构建面向数字经济新需求、增强网络内生能力、实现“联接 + 计算 + 智能”融合服务的新一代数字基础设施，将 50Gbit/s PON 列为实现超宽优质光纤接入的重点技术。现阶段，中国联通重点关注 50Gbit/s PON 兼容性及现网验证、FTTR 光纤延伸、边缘计算能力下沉、自智网络、新型数智算力接入网等问题，并积极参与标准编制，推进 50Gbit/s PON 的 ITU 和 CCSA 标准制定与发布。中国联通评估当前新型业务发展呈现出智能化和泛在化的趋势，50Gbit/s PON 可以基于当前 ODN 完成从千兆向万兆的升级，实现用全光网络作为基座的广泛联接。

1. NGOAN（Next Generation Optical Access Networks，下一代光接入网）。

国外领先的电信运营商也普遍看好50Gbit/s PON的未来。Global Data电信技术与软件部研究总监埃米尔·哈利洛维奇（Emir Halilovic）认为，50Gbit/s PON系统设计和演示的所有关键特性，是推动电信运营商宽带业务发展的可靠保障，可支持多场景应用，可满足电信运营商各类用户的需求。同时，瑞士电信、法国电信、Telefonica等全球TOP电信运营商也选择了50Gbit/s PON作为未来发展的方向。

在业务支持方面，50Gbit/s PON系统以其高质量的服务能力和高比特率的能力，全面支持面向家庭用户、企业用户等应用的多种业务需求。此外，50Gbit/s PON系统可以大幅改善时延和抖动性能。50Gbit/s PON系统必须支持传统业务，例如使用仿真的POTS和T1/E1、高速专用线（有帧和无帧）及新兴的分组业务。必须支持最大为9000字节的以太网数据包，还支持高精度定位和低时延的移动回程业务（尤其是5G业务）。

9.3 100Gbit/s PON技术

100Gbit/s技术的发展需要借助单波道25Gbit/s技术来实现。在技术成熟和具有较高成本效益的25Gbit/s光学器件的基础上，采用先进的数字信号处理技术或复用技术实现100Gbit/s单接口速率是可行的。该数字信号处理技术是实现50Gbit/s PON和100G bit/s PON商用的关键，借助其可以实现更低的传输时延和更低的功耗。

我国的主要设备商积极参与100Gbit/s技术的研发和储备。中兴通讯在25Gbit/s/100Gbit/s PON上也积极投入研发，是100Gbit/s EPON标准制定发起方之一，是NG-EPON技术白皮书和100Gbit/s EPON标准的主要贡献者。华为在2016年3月分享了全球领先的100Gbit/s PON核心技术研究成果，并展示最新的技术样机，样机验证了全业务场景下的各项指标，同时在ODN重用、PON系统共存等方面表现出色，对100Gbit/s PON的标准化有重要的参考作用。

2023年，诺基亚贝尔实验室与阿拉伯联合酋长国（UAE）运营商Etisalat by e&合作，进行了100Gbit/s PON的概念验证演示，这是两家公司为测试新技术而进行的一系列演习中的最新一次单载波太比特级光传输现场试验，并有望在2030年左右商业化推广。

EPON、GPON的成熟，10Gbit/s PON技术的普及和规模商用，25Gbit/s光器件核心技术的突破，50Gbit/s、100Gbit/s技术的不断创新发展，为宽带光接入技术注入了无限活力！

延展阅读

技术的发展进步离不开科学工作者夜以继日的刻苦钻研，技术的普及应用离不开通信人的辛勤奉献。作为当代有志青年，我们需要拥有一颗热爱祖国、热爱人民的心，志存高远，敢于担当，勇于为人类科技进步、社会发展贡献青春活力，彰显生命价值。

缩 略 语

名词	英文解释	中文解释
ACL	Access Control List	访问控制列表
ADSL	Asymmetric Digital Subscriber Line	非对称数字用户线
AG	Acess Gateway	接入网关
AN	Access Network	接入网
API	Application Programming Interface	应用程序接口
ARP	Address Resolution Protocol	地址解析协议
ATM	Asynchronous Transfer Mode	异步传输模式
CAC	Connection Admission Control	连接接纳控制
CAR	Committed Access Rate	承诺访问速率
CDPD	Cellular Digital Packet Data	蜂窝数字分组数据
CLI	Command-Line Interface	命令行界面
CO	Central Office	中心局
CQ	Custom Queuing	定制队列
CRC	Cyclic Redundancy Check	循环冗余校验
DA	Destination Address	目的地址
DBA	Dynamic Bandwidth Assignment	动态带宽分配
DC	Direct Current	直流电流
DHCP	Dynamic Host Configuration Protocol	动态主机配置协议
DMT	Discrete Multitone	离散多载波
DNS	Domain Name System	域名系统
DSCP	Differentiated Services Code Point	区分服务码点
DVMRP	Distance Vector Multicast Routing Protocol	距离向量多播路由协议
EPON	Ethernet Passive Optical Network	以太网无源光网络
FCS	Frame Check Sequence	帧检验序列
FEC	Forward Error Correction	前向纠错
FIFO	First In First Out	先进先出
FSAN	Full Service Access Networks	全业务接入网
FTP	File Transfer Protocol	文件传输协议
GMII	Gigabit Media Independent Interface	千兆介质无关接口
GTC	GPON Transmission Convergence	千兆无源光传输汇聚层
GTS	Generic Traffic Shaping	通用流量整形
HTTP	Hypertext Transfer Protocol	超文本传送协议

名词	英文解释	中文解释
HFC	Hibrid Fiber Coaxial	混合光纤同轴电缆
IANA	Internet Assigned Numbers Authority	互联网数字分配机构
ICMP	Internet Control Message Protocol	互联网控制报文协议
IEC	International Electro technical Commission	国际电工委员会
IEEE	Institute of Electrical and Electronics Engineers	电气电子工程师学会
IETF	The Internet Engineering Task Force	国际互联网工程任务组
IGMP	Internet Group Management Protocol	互联网组管理协议
IP	Internet Protocol	互联网协议
IPTV	Internet Protocol Television	交互式网络电视
IPX	Internetwork Packet Exchange protocol	互联网数据包交换协议
ISDN	Integrated Services Digital Network	综合业务数字网
ISO	International Organization for Standardization	国际标准化组织
ISP	Internet Service Provider	互联网服务提供商
LLID	Logical Link Identifier	逻辑链路标识
IS-IS	Intermediate System-to-Intermediate System	中间系统到中间系统
MAC	Medium Access Control	介质访问控制
MDI	Medium Dependent Interface	介质相关接口
MG	Media Gateway	媒体网关
MGC	Media Gateway Controller	媒体网关控制器
MGCP	Media Gateway Control Protocol	媒体网关控制协议
MPCP	Multi-Point Control Protocol	多点控制协议
NTP	Network Time Protocol	网络时间协议
OAM	Operation, Administration and Maintenance	运行、管理与维护
OC	Optical Carrier	光载波
ODN	Optical Distribution Network	光分配网络
OLT	Optical Line Terminal	光线路终端
OMCI	ONU Management and Control Interface	光网络单元管理控制接口
ONU/ONT	Optical Network Unit/Terminal	光网络单元/光网络终端
OSI	Open System Interconnection	开放系统互联
OSPF	Open Shortest Path First	开放最短路径优先
PCS	Physical Coding Sublayer	物理编码子层
PHB	Per-Hop Behaviors	IP转发中每一跳的转发行为
PIM	Protocol Independent Multicast	协议无关组播/独立组播协议
PIM-DM	Protocol Independent Multicast-Dense Mode	密集模式协议无关多播
PIM-SM	Protocol Independent Multicast-Sparse Mode	稀疏模式协议无关多播
PING	Packet Internet Groper	互联网分组探测器

名词	英文解释	中文解释
PLOAM	Physical Layer Operations，Administration and Maintenance	物理层操作管理维护
PMA	Physical Medium Attachment	物理介质适配
PMD	Physical Media Dependent	物理介质关联
PON	Passive Optical Network	无源光网络
PQ	Priority Queue	优先级队列
QoS	Quality of Service	服务质量
QAM	Quadrature Amplitude Modulation	正交振幅调制
RARP	Reverse Address Resolution Protocol	反向地址解析协议
RS	Reconciliation Sublayer	调和子层
RSVP	Resorce Reservation Protocol	资源预留协议
RTCP	Real-Time Transport Control Protocol	实时传输控制协议
RTP	Real-Time Transport Protocol	实时传输协议
RTT	Round Trip Time	往返路程时间
SA	Source Address	源地址
SBA	Static Bandwidth Assignment	静态带宽分配
SCB	Single Copy Broadcast	单复制广播
SCTP	Stream Control Transmission Protocol	流控制传输协议
SDSL	Symmetric Digital Subscriber Line	对称数字用户线
SDU	Service Data Unit	服务数据单元
SFD	Start of Frame Delimiter	帧定界符
SLA	Service Level Agreement	服务水平协议
SLD	Start of LLID Delimiter	LLID起始定界符
SMTP	Simple Mail Transfer Protocol	简单邮件传送协议
SNMP	Simple Network Management Protocol	简单网络管理协议
SIP	Session Initiation Protocol	会话起始协议
STP	Spanning Tree Protocol	生成树协议
TCP	Transmission Control Protocol	传输控制协议
TDM	Time-Division Multiplexing	时分复用
TDMA	Time-Division Multiple Access	时分多址
TG	Trunk Gateway	中继网关
ToS	Type of Service	服务类型
UDP	User Datagram Protocol	用户数据报协议
VLAN	Virtual Local Area Network	虚拟局域网
VoIP	Voice over Internet Protocol	IP电话
VPN	Virtual Private Network	虚拟专用网
WDM	Wavelength Division Multiplexer	光波分复用器